高职高专规划教材

选矿概论

于春梅　主编

北　京
冶 金 工 业 出 版 社
2015

内 容 提 要

本书是根据教育部高等职业教育的指导思想和高等职业教育的教学特点与教学需要而编写的。

本书分十一章，分别介绍了碎矿与筛分、磨矿与分级、浮选、重选、磁选、电选、试验与检查、辅助作业、选矿厂技术经济指标与金属平衡、选矿流程实例等。

本书可作为工科高职院校非选矿技术专业的选修课教材，也可供从事选矿领域技术管理、产品开发销售人员和技术工人的培训教材，还供能源、冶金、化工、环境、建筑、农业等部门从事与分选有关工作的工程技术人员参考。

图书在版编目(CIP)数据

选矿概论/于春梅主编．—北京：冶金工业出版社，2010.6（2015.1 重印）

高职高专规划教材

ISBN 978-7-5024-5254-4

Ⅰ.①选… Ⅱ.①于… Ⅲ.①选矿—高等学校：技术学校—教材 Ⅳ.①TD9

中国版本图书馆 CIP 数据核字(2010)第 077513 号

出 版 人 谭学余

地　　址 北京市东城区嵩祝院北巷 39 号 邮编 100009 电话 (010)64027926

网　　址 www. cnmip. com. cn 电子信箱 yjcbs@ cnmip. com. cn

责任编辑 宋 良 王 优 美术编辑 李 新 版式设计 葛新霞

责任校对 栾雅谦 责任印制 牛晓波

ISBN 978-7-5024-5254-4

冶金工业出版社出版发行；各地新华书店经销；三河市双峰印刷装订有限公司印刷

2010 年 6 月第 1 版，2015 年 1 月第 4 次印刷

787mm×1092mm 1/16；8.75 印张；225 千字；126 页

20.00 元

冶金工业出版社 投稿电话 (010)64027932 投稿信箱 tougao@cnmip. com. cn

冶金工业出版社营销中心 电话 (010)64044283 传真 (010)64027893

冶金书店 地址 北京市东四西大街 46 号(100010) 电话 (010)65289081(兼传真)

冶金工业出版社天猫旗舰店 yjgy. tmall. com

前 言

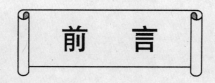

本书较系统而全面地介绍了选矿的生产工艺过程、基本概念、基本知识、主要技术经济指标，简明扼要地介绍了选矿基本理论、工艺及设备。

书中碎矿与筛分、磨矿与分级两章较系统地介绍了粒度分析、碎矿、筛分、磨矿、分级等对矿石进行分选前一系列准备作业的理论、工艺和设备；浮游选矿一章系统地介绍了矿石表面的性质，常用的浮选药剂的种类和作用原理以及对矿物进行浮选分离的工艺和设备；磁力选矿和电选两章系统地介绍了矿物的磁性和导电特性，对物料进行磁选和电选的理论、工艺和设备；重力选矿一章系统地介绍了矿物颗粒在介质中的水力分级、重介质分选、跳汰分选、溜槽分选、摇床分选等重选方法的理论、工艺和设备；试验与检查一章简单介绍取样、制样及选矿厂参数测定的方法；辅助作业一章系统地介绍了各种矿石和固体废弃物的分离工艺流程，选矿厂的浓缩、过滤和干燥作业的工作原理和设备；选矿厂技术经济与金属平衡一章主要介绍技术经济指标及理论与实际金属平衡的简单计算方法。

参加本书编写工作的有于春梅（第4、5、6、7、8章），夏立凯、冯立伟（第2、3章），闻红军、孙英、乔立军（第10、11章），曹文臣、徐德林（第1、9章）。于春梅担任主编，并对全书进行了统一修改和整理。

由于编者水平所限，书中不足之处，恳请读者批评指正。

编 者

2010年2月

目　录

1　绪论 …… 1

1.1　选矿的目的及作用 …… 1
1.2　选矿的方法及选矿过程 …… 1
1.2.1　选前的准备作业 …… 1
1.2.2　选别作业 …… 1
1.2.3　选后的脱水作业 …… 2
1.3　选矿的工艺指标 …… 2
1.3.1　品位 …… 2
1.3.2　产率 …… 2
1.3.3　选矿比 …… 2
1.3.4　富矿比 …… 2
1.3.5　回收率 …… 3

2　碎矿与筛分 …… 4

2.1　概述 …… 4
2.2　碎矿 …… 5
2.2.1　碎矿机械 …… 5
2.2.2　影响碎矿机工作的主要因素 …… 14
2.3　筛分 …… 15
2.3.1　概述 …… 15
2.3.2　筛分机械 …… 15
2.3.3　筛分效率及计算 …… 19
2.3.4　影响筛分作业的因素 …… 19
2.4　碎矿筛分流程 …… 19

3　磨矿与分级 …… 21

3.1　概述 …… 21
3.1.1　磨矿的目的 …… 21
3.1.2　磨矿介质 …… 21
3.1.3　分级 …… 21
3.1.4　磨矿分级流程 …… 21
3.2　磨矿 …… 22
3.2.1　磨矿机械 …… 22

3.2.2 影响磨矿效果的因素……………………………………………………………… 28
3.3 分级…………………………………………………………………………………… 29
3.3.1 分级设备………………………………………………………………………… 29
3.3.2 分级效率及分级效率的计算…………………………………………………… 32
3.4 磨矿分级流程……………………………………………………………………… 33
3.4.1 一段磨矿分级流程……………………………………………………………… 33
3.4.2 两段磨矿分级流程……………………………………………………………… 34
3.5 磨矿车间的操作与维护…………………………………………………………… 34
3.5.1 开车前的准备工作……………………………………………………………… 34
3.5.2 开车……………………………………………………………………………… 34
3.5.3 正常操作与维护………………………………………………………………… 34
3.5.4 停车……………………………………………………………………………… 35

4 浮游选矿……………………………………………………………………………… 36

4.1 概述…………………………………………………………………………………… 36
4.1.1 浮游选矿………………………………………………………………………… 36
4.1.2 浮游选矿的发展………………………………………………………………… 36
4.1.3 浮游选矿的工艺过程…………………………………………………………… 36
4.2 浮选的基本原理…………………………………………………………………… 36
4.2.1 矿物、水和空气的性质 ………………………………………………………… 36
4.2.2 矿粒吸附在气泡上的机理……………………………………………………… 38
4.3 浮选药剂……………………………………………………………………………… 40
4.3.1 浮选药剂的作用及分类………………………………………………………… 40
4.3.2 捕收剂…………………………………………………………………………… 40
4.3.3 起泡剂…………………………………………………………………………… 45
4.3.4 抑制剂…………………………………………………………………………… 46
4.3.5 活化剂…………………………………………………………………………… 48
4.3.6 pH 值调整剂 …………………………………………………………………… 49
4.3.7 其他药剂………………………………………………………………………… 50
4.4 浮选流程……………………………………………………………………………… 51
4.4.1 浮选流程的段数………………………………………………………………… 51
4.4.2 选别顺序及选别循环…………………………………………………………… 51
4.4.3 浮选流程的内部结构…………………………………………………………… 52
4.4.4 浮选流程的表示方法…………………………………………………………… 53
4.5 浮选机械……………………………………………………………………………… 54
4.5.1 概述……………………………………………………………………………… 54
4.5.2 机械搅拌式浮选机……………………………………………………………… 54
4.5.3 浮选柱…………………………………………………………………………… 57
4.6 影响浮选过程的因素……………………………………………………………… 57

4.6.1　磨矿细度……………………………………………………………………………………57
4.6.2　矿浆浓度……………………………………………………………………………………57
4.6.3　药剂制度……………………………………………………………………………………58
4.6.4　搅拌……………………………………………………………………………………………58
4.6.5　矿浆温度……………………………………………………………………………………58
4.6.6　浮选时间……………………………………………………………………………………58

5　重力选矿……………………………………………………………………………………………59

5.1　概述……………………………………………………………………………………………59
5.1.1　重力选矿的基本概念………………………………………………………………………59
5.1.2　重力选矿的分类……………………………………………………………………………59
5.1.3　矿粒相对密度测定方法……………………………………………………………………60
5.2　重力选矿的原理………………………………………………………………………………60
5.2.1　矿粒及介质的性质…………………………………………………………………………60
5.2.2　矿粒在介质中的运动规律…………………………………………………………………60
5.2.3　自由沉降和干涉沉降………………………………………………………………………61
5.3　水力分级………………………………………………………………………………………61
5.3.1　概述…………………………………………………………………………………………61
5.3.2　水力分级机…………………………………………………………………………………62
5.4　跳汰选矿………………………………………………………………………………………63
5.4.1　概述…………………………………………………………………………………………63
5.4.2　常用的跳汰机………………………………………………………………………………64
5.4.3　影响跳汰过程的因素………………………………………………………………………67
5.5　摇床选矿………………………………………………………………………………………68
5.5.1　概述…………………………………………………………………………………………68
5.5.2　摇床的构造、选别原理及影响摇床工作的因素…………………………………………68
5.5.3　8YC、9YC型悬挂式多层摇床………………………………………………………………73
5.6　溜槽选矿………………………………………………………………………………………75
5.6.1　概述…………………………………………………………………………………………75
5.6.2　溜槽的结构及工作原理……………………………………………………………………75
5.7　重介质选矿……………………………………………………………………………………79
5.7.1　概述…………………………………………………………………………………………79
5.7.2　重悬浮液的性质……………………………………………………………………………79
5.7.3　重介质选矿机………………………………………………………………………………80

6　磁力选矿……………………………………………………………………………………………83

6.1　磁选的理论基础………………………………………………………………………………83
6.1.1　磁选过程及矿粒分选的基本条件…………………………………………………………83
6.1.2　矿物的磁性…………………………………………………………………………………83

6.2　强磁性矿石的磁选……84
6.2.1　永磁筒式磁选机……84
6.2.2　磁力脱水槽……87
6.2.3　磁选柱……88
6.3　弱磁性矿石的磁选……88
6.3.1　磁化焙烧……88
6.3.2　强磁场磁选机……88
7　电选……92
7.1　电选的基本条件和方式……92
7.2　矿物的电性质……92
7.2.1　电导率……92
7.2.2　介电常数……93
7.2.3　比导电度……93
7.2.4　矿物的整流性……93
7.3　矿物在电场中带电的方法……94
7.3.1　传导(接触)带电……94
7.3.2　感应带电……94
7.3.3　电晕带电……94
7.3.4　摩擦带电……95
7.4　电选设备……95
7.4.1　ϕ120mm×1500mm 双辊电选机……95
7.4.2　YD 型电选机……97
7.4.3　卡普科高压电选机……97
7.5　影响电选效果的操作因素……98
7.5.1　电选机工作参数的影响……98
7.5.2　物料性质的影响……99
8　试验与检查……100
8.1　选矿厂取样……100
8.1.1　静置料堆的取样……100
8.1.2　流动物料的取样……100
8.2　试样的制备……101
8.2.1　矿样的破碎缩分计算……101
8.2.2　试样的加工操作……102
8.3　选矿工艺参数的测定……103
8.3.1　生产能力的测定……103
8.3.2　浮选时间的测定……105
8.3.3　矿浆密度、浓度和 pH 值的测定……105

8.3.4　药剂浓度和用量的测定 …… 106

9　辅助作业 …… 108

9.1　脱水 …… 108
9.2　浓缩 …… 108
9.3　过滤 …… 110
9.4　干燥 …… 112
9.5　选矿厂尾矿的处置 …… 112
9.5.1　尾矿的贮存 …… 112
9.5.2　尾矿水的循环使用 …… 112

10　选矿厂技术经济指标与金属平衡 …… 114

10.1　成本 …… 114
10.2　销售收入 …… 115
10.3　税金 …… 115
10.4　劳动定员 …… 115
10.5　选矿厂的技术经济指标 …… 116
10.6　选矿厂金属平衡表的编制 …… 117
10.6.1　理论金属平衡表的编制 …… 117
10.6.2　实际金属平衡表的编制 …… 117

11　选矿工艺流程实例 …… 119

11.1　有色金属硫化矿的选别 …… 119
11.1.1　斑岩铜矿浮选工艺的特点 …… 119
11.1.2　铜钼分离 …… 119
11.1.3　斑岩铜矿(铜钼矿)浮选实例 …… 120
11.2　铁矿石的选别流程实例 …… 121
11.2.1　铁矿石的重选实例 …… 121
11.2.2　铁矿石的浮选实例 …… 122
11.3　非金属矿物的选别 …… 123
11.3.1　高岭土的磁选 …… 123
11.3.2　石棉矿石的磁选 …… 124
11.3.3　石墨浮尾的磁选 …… 125

参考文献 …… 126

1 绪 论

1.1 选矿的目的及作用

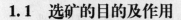

选矿是利用矿物的物理或物理化学性质的差异,借助各种选矿设备将矿石中的有用矿物和脉石矿物分离,并达到使有用矿物相对富集的过程。选矿学是研究矿物分选的学问,是分离、富集、综合利用矿产资源的一门技术科学。

自然界蕴藏着极为丰富的矿产资源。但是,除少数富矿外,一般品位(即矿石中有价成分含量的百分数)都较低。这些矿石若直接冶炼,技术困难,亦不经济。因此,冶金对矿石的品位有一定要求。如:铁矿石中铁的品位最低不得低于45% ~50%;铜矿石中铜的品位最低不得低于3% ~5%。因此,对低品位的贫矿石,必须在冶炼前进行选矿。其次,矿石中往往都含有多种有用成分,必须事先用选矿方法将它们分离成单独的精矿才能进一步被利用。矿石中除了有用成分外,往往含有有害杂质,如铁矿石中含有害杂质硫、磷等。这些有害杂质在冶炼前应尽可能用选矿方法除去,否则会使冶炼过程复杂化,影响冶炼产品的质量。

1.2 选矿的方法及选矿过程

选矿过程是由选前的矿石准备作业、选别作业和选后的脱水作业所组成的连续生产过程。

1.2.1 选前的准备作业

为了从矿石中选出有用矿物,必须先将矿石粉碎,使其中的有用矿物和脉石达到单体解离。有时为了满足后继作业对物料粒度的特殊要求,也需在中间加入一定的粉碎作业。选前的准备工作通常分为破碎筛分作业和磨矿分级作业两个阶段进行。破碎机和筛分机多为联合作业,磨矿机与分级机常组成闭路循环。它们分别是组成破碎车间和磨选车间的主要机械设备。

1.2.2 选别作业

选别作业是将已经单体解离的矿石,采用适当的手段,使有用矿物和脉石分离的工序。最常用的方法有:

(1) 浮游选矿法(简称浮选法)。浮选是根据矿物表面的润湿性的不同,添加适当药剂,在浮选机中分选矿物的方法。它应用广泛,可用来处理绝大多数矿石。

(2)磁选法。磁选是根据矿物磁性的不同,在磁选机中进行分选的方法。主要用来处理黑色金属矿石和稀有金属矿石。

(3) 重力选矿法(简称重选法)。重选是利用密度不同的矿物在介质(水、空气或重介质)中运动速度和运动轨迹的不同,而达到分选的方法。它广泛用来选别钨、锡、金和铁、锰等矿石,其他有色金属、稀有金属和非金属矿石也常用重选法分选。重选是在各种类型的重选设备中进行的。

另外,还有根据矿物的导电性、摩擦系数、颜色和光泽等不同而进行选矿的方法,如电选法、摩擦选矿法、光电选矿法和手选法等。

1.2.3 选后的脱水作业

绝大多数的选后产品都含有大量的水分,这对于运输和冶炼加工都很不利。因此,在冶炼以前,需要脱除选矿产品中的水分。脱水作业常常按下面几个阶段进行:

(1)浓缩。浓缩是在重力或离心力作用下,使选矿产品中的固体颗粒发生沉淀,从而脱去部分水分的作业。浓缩通常在浓缩机中进行。

(2)过滤。过滤是使矿浆通过一透水而不透固体颗粒的间隔层,达到固液分离的作业。过滤是浓缩以后的进一步脱水作业,一般在过滤机上进行。

(3)干燥。干燥是脱水过程的最后阶段。它是根据加热蒸发的原理减少产品中水分的作业。但只有在脱水后的精矿还需要进行干燥时才用。干燥作业一般在干燥机中进行,也有采用其他干燥装置的。

由浓缩、过滤、干燥等工序构成的辅助车间称为脱水车间。

1.3 选矿的工艺指标

1.3.1 品位

品位是指产品中金属或有价成分的重量对于该产品重量之比,常用百分数表示。例如,铜精矿品位为15%,即100t干精矿中含有15t金属铜。品位是评价产品质量的指标之一。

1.3.2 产率

产品重量对于原矿重量之比,称为该产品的产率,以γ表示。例如,选矿厂每昼夜处理原矿石重量($Q_{原矿}$)为500t,获得精矿重量($Q_{精矿}$)为30t,则精矿产率($\gamma_{精矿}$)为:

$$\gamma_{精矿}=\frac{Q_{精矿}}{Q_{原矿}}\times100\%=\frac{30}{500}\times100\%=6\%$$

尾矿产率($\gamma_{尾矿}$)为:

$$\gamma_{尾矿}=\frac{Q_{原矿}-Q_{精矿}}{Q_{原矿}}\times100\%=\frac{500-30}{500}\times100\%=94\%$$

或

$$\gamma_{尾矿}=100\%-\gamma_{精矿}=100\%-6\%=94\%$$

1.3.3 选矿比

选矿比即原矿重量对于精矿重量之比值。用它可以决定获得一吨精矿所需处理原矿石的吨数。以上例数值为例,则:

$$选矿比=\frac{Q_{原矿}}{Q_{精矿}}=\frac{500}{30}=16.7$$

1.3.4 富矿比

富矿比或称富集比,即精矿中有用成分含量(β)的百分数和原矿中该有用成分含量(α)的百分数之比值,常以i表示。它表示精矿中有用成分的含量比原矿中该有用成分含量增加的倍数。如上例中,原矿中铜的品位为1%,精矿中铜的品位为15%,则其富矿比为$i=\frac{\beta}{\alpha}=\frac{15\%}{1\%}=15$。

1.3.5 回收率

精矿中金属的重量与原矿中该金属的重量之比的百分数，称为回收率，常用 ε 表示。回收率可用下式计算：

$$\varepsilon=\frac{\gamma\beta}{100\alpha}\times100\%$$

式中 ε——回收率，%；

α——原矿品位，%；

β——精矿品位，%；

γ——精矿产率，%。

金属回收率是评定分选过程（或作业）效率的一个重要指标。回收率越高，表示选矿过程（或作业）回收的金属越多。所以，选别过程中应在保证精矿质量的前提下，力求提高金属回收率。

2 碎矿与筛分

2.1 概述

选矿前，通常分两步将矿石粉碎，以达到选矿作业对粒度的要求。第一步就是碎矿。所谓碎矿，就是通过一定的碎矿机械对矿石施以一定的压力使矿石被破碎。为使碎矿更有效地进行，在碎矿过程中常用筛分机械相配合。因此，碎矿与筛分是碎矿作业中的重要环节。碎矿及筛分过程中的大量矿石，通过皮带运输机运送而把各作业有机地联系起来，就形成了碎矿筛分流程。碎矿时需要施加一定的外力使矿石破碎，所用碎矿设备不同，对矿石施加外力的方法也不同。几种主要的施力方法如图 2－1 所示。

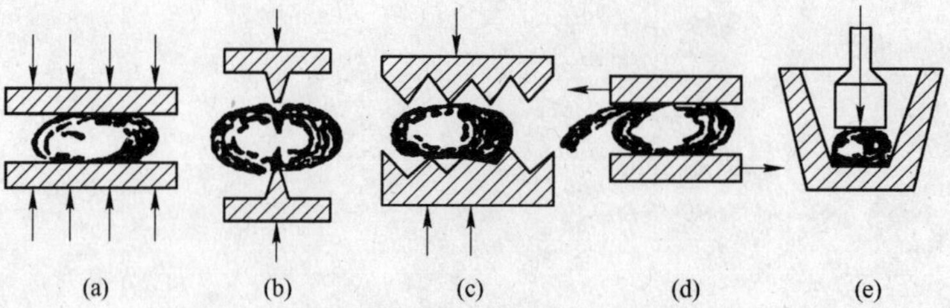

图 2－1　对矿石施力的方法

图 2－1a 为压力，利用两个碎矿部件平行的靠近矿石，并对其施加一定的压力，当压力超过矿石抗压强度时，矿石发生碎裂。图 2－1b 为劈力，利用两个碎矿部件的尖部相对靠近矿石，并施以一定的力使矿石受尖端部位的强大劈力而发生碎裂。图 2－1c 为折断力，利用两碎矿部件的尖端相交错，对矿石施压，使矿石变形而发生碎裂。图 2－1d 为磨剥力，利用两碎矿部件作反向平行运动，在矿石表面作相对运动时将矿石磨碎或磨细。图 2－1e 为冲击力，利用碎矿部件瞬间快速冲击矿石，当冲击力大于矿石的抗击强度时而发生碎裂。

上述对矿石施力的方法因所用设备不同而有所差异，有时可能仅受其中的一种作用力，有时可能存在多种作用力。碎矿过程中，对矿石所施的作用力越复杂，碎矿效果就越好。如复杂摆动颚式碎矿机的作用力，就比简单摆动颚式碎矿机作用力的方式更有利于破碎矿石。不同碎矿机械的施力方式有所不同，常用的碎矿机械对矿石的施力情况如图 2－2 所示。

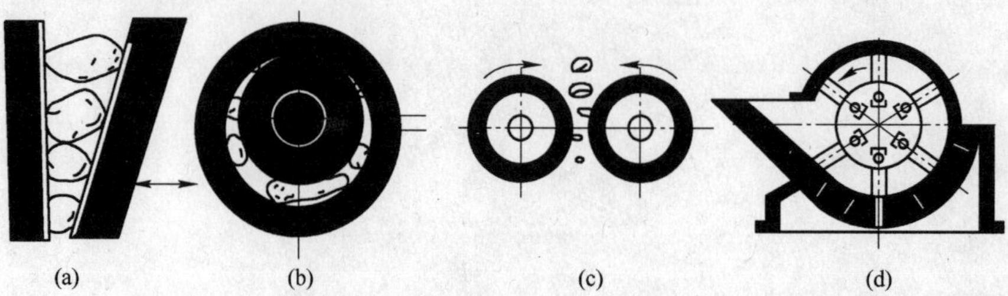

图 2－2　不同碎矿机械的施力方式

图 2－2a 为颚式碎矿机碎矿示意图，简单摆动颚式碎矿机以压力为主，复杂摆动颚式碎矿机兼有压碎和折断作用。图 2－2b 为圆锥碎矿机碎矿示意图，主要为压碎、折断、磨剥等多种作用力。图 2－2c 为对辊机碎矿示意图，主要为压碎及磨剥作用。图 2－2d 为反击式碎矿机碎矿示意图，主要为冲击作用。

选矿的矿石来源于采矿，矿石最大粒度可达 1500mm，碎矿的最终产品供给磨矿作业，产品粒约 15mm 左右，将 1500mm 粒度的矿石在常规的碎矿机中一次破碎至 15mm 困难很大。因此，碎矿常分段进行，最常用的是三段碎矿，即粗碎、中碎和细碎。

碎矿机的给矿最大粒度与排矿最大粒度之比称为该段的破碎比。各段的破碎比之积为碎矿作业的总破碎比，如第一段给矿的最大粒度为 1500mm，碎矿机排矿的最大粒度为 500mm，则破碎比为 3；若第二段的破碎比为 4，第三段的破碎比为 5，则碎矿作业总破碎比为 $3\times4\times5=60$。

为使碎矿作业更有效地进行，可在碎矿前用筛分机械筛出小于碎矿机排矿最大粒度的级别，以提高碎矿机的处理能力。此外，也可对碎矿机的排矿进行筛分，以保证碎矿作业的最终产品粒度。可见，筛分在碎矿过程中，对提高处理能力及保证碎矿最终产品粒度及均匀性，有非常重要的作用。

碎矿作业处理的矿石量均较大，而且是固体矿石不能自流，为保证碎矿及筛分作业连续不断地进行，将各碎矿机械与筛分机械有机的联系起来，常用一些矿石运输设备，这些矿石运输设备中最常用的就是胶带运输机。

各碎矿设备、筛分设备通过皮带运输机连接起来，就形成了碎矿筛分流程。

2.2 碎矿

碎矿是选矿前对矿石进行粒度加工的第一道工序，碎矿作业通过相应的碎矿机械将矿石分段破碎到一定的粒度，以满足下一步的需要，碎矿作业通常分三段进行。三段作业常用的碎矿机械主要有：颚式碎矿机、悬轴式圆锥碎矿机；标准型圆锥碎矿机，短头型圆锥碎矿机；反击式碎矿机、对辊机等。

2.2.1 碎矿机械

2.2.1.1 颚式碎矿机

颚式碎矿机又名老虎口，由于这类碎矿机构造简单、工作可靠，适于处理硬及中硬矿石，在选矿厂广泛用于碎矿车间的粗碎，有时也可用于中碎。

颚式碎矿机的种类较多，目前在我国选矿厂中应用最广的有简单摆动颚式碎矿机、复杂摆动颚式碎矿机、液压颚式碎矿机示意图如图 2－3 所示。

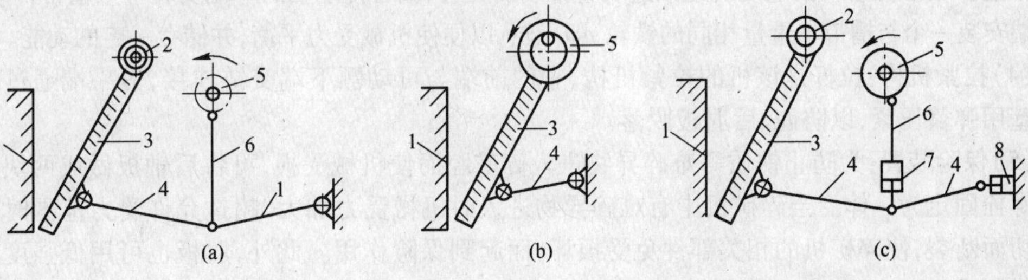

图 2－3 颚式碎矿机的主要类型示意图
（a）简单摆动颚式碎矿机；（b）复杂摆动颚式碎矿机；（c）液压颚式碎矿机

A　简单摆动颚式碎矿机

简单摆动颚式碎矿机有两个肘板,可动肘板绕上端悬挂轴做前后摆动,因此,又称双肘下动型颚式碎矿机。由于可动颚板只做前后的简单摆动,所以称为简单摆动颚式碎矿机。简单摆动颚式碎矿机如图2-4所示。

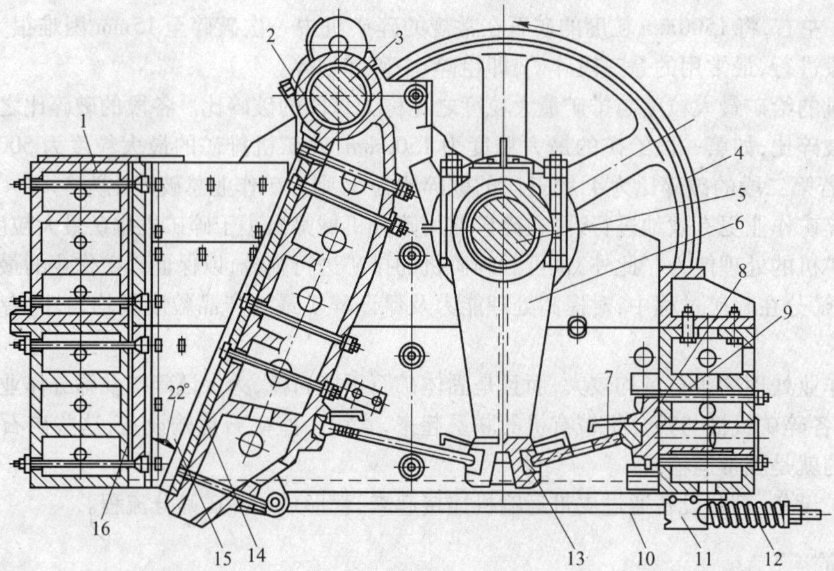

图2-4　PJ1200×1500简单摆动颚式碎矿机

1—机架;2—可动颚;3—悬挂轴;4—飞轮;5—偏心轴;6—连杆;7—肘板;8—挡板;9—后壁;
10—拉杆;11—凸轮;12—弹簧;13—凹槽;14,16—衬板;15—侧壁衬板

a　简单摆动颚式碎矿机的构造

该机主要由机架即支承机构、碎矿机构、传动机构、保险装置及排矿口调整装置等组成。

(1)机架:颚式碎矿机工作时受到间断性的强烈冲击,要求有足够的强度,为此常用铸钢铸成整体机架或分成上下两部分组合而成,用以支承其他有关部件。

(2)碎矿机构:碎矿机构由固定颚板及可动颚板构成,为防止颚板在碎矿过程中磨损,在其表面另行固定耐磨性较好的锰钢衬板,衬板下端磨损严重时可调头使用以延长使用寿命,在两颚板间所构成的碎矿腔的两侧分别安装有护板以防机架两侧壁磨损。

(3)传动机构:碎矿机的可动颚下端通过前、后肘板与连杆下端相连,连杆的上端与偏心传动轴相连。偏心传动轴由电动机经减速装置带动而旋转,偏心传动轴的一端安装一个槽带传动轮,另一端安装一个与槽带轮重量相同的铁轮,即飞轮,以便使机械受力平衡,并储存一定的动能。

(4)拉紧机构:拉杆是该机的拉紧机构,它的前端与可动颚下端交链连接,另一端通过机座的后壁用弹簧压紧,以防前、后肘板脱落。

(5)保险装置:为防止铁质等难碎异物进入碎矿腔而使机械受损,可将后轴板做成两块搭接并用螺栓固定为一体。当碎矿机中有难碎异物进入时机械受力加大,超过允许受力范围时螺栓受剪切而断裂,使碎矿机的相关部件免受损坏,而起到保险作用。此外,肘板也可用低强度的金属材料制成。

(6)排矿口调整装置:由于衬板的下端不断磨损而使排矿口增大,产品粒度变粗或因对排矿粒度有不同要求,需要对碎矿机的排矿口进行调整。最常用的方法是调整楔形滑块上下位置来调整排矿口的大小,如图 2－5 所示,也可用增减垫片的个数调整排矿口的大小,如图 2－6 所示。

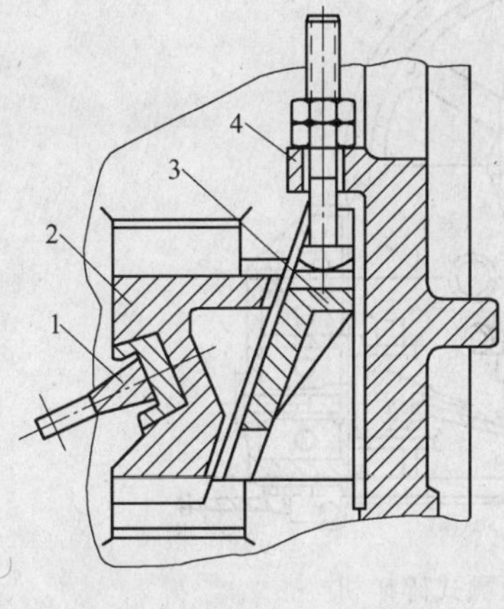

图 2－5 楔块调整装置图

1—推力板;2—楔块;3—调整楔块;4—机架

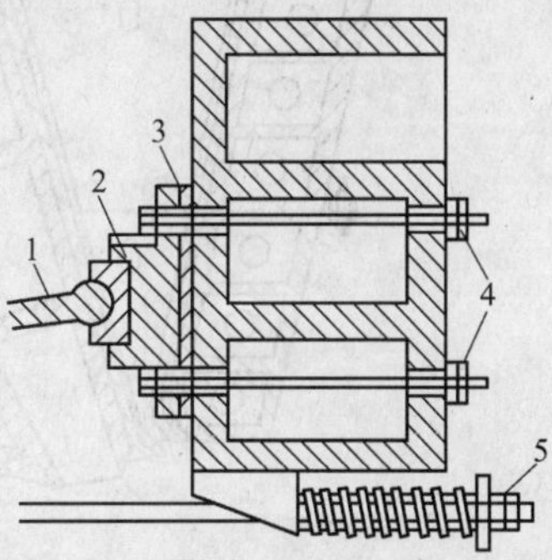

图 2－6 垫片调整装置图

1—后推力板;2—支承座;3—调整垫片;4—螺帽;5—拉杆上的螺帽

b 简单摆动颚式碎矿机的工作过程

颚式碎矿机的可动颚板在偏心轴的带动下,通过连杆和肘板周期性向固定颚板靠近或离开,使碎矿腔中的矿石周期性被破碎并排出。偏心轴简图如图 2－7 所示。

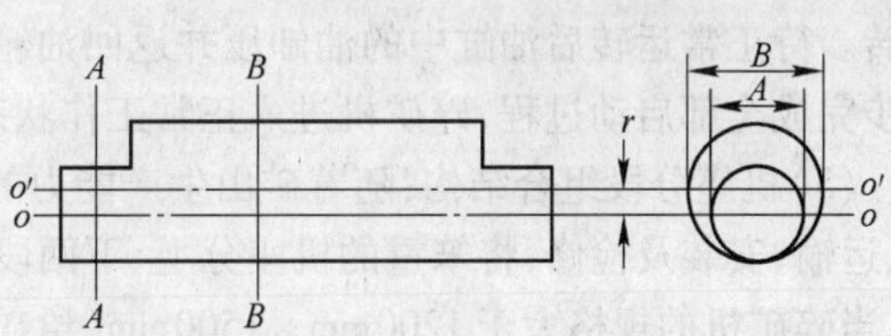

图 2－7 偏心轴简图

$r(oo—o'o')$—偏心距

当偏心轴的偏心距向上运动时带动连杆向上升起,两肘板的夹角增大,后肘板受机架的限制不能向后运动,则前肘板向前运动,并推动可动颚板绕上部悬挂轴向固定颚板靠近,碎矿腔体积变小,其中的矿石受压而破碎,当偏心轴的偏心距向下运动时,连杆向下运动,在拉杆及弹簧的作用下两肘板间的夹角变小,可动颚板随之向后运动,排矿口增大,已碎矿石借自重下落排出,偏心轴旋转一周碎矿腔中的矿石被破碎及排出各一次,完成一次碎矿循环,在偏心轴的连续转动过程中矿石不断被破碎及排出。

B 液压颚式碎矿机

液压颚式碎矿机是在简单摆动颚式碎矿机的基础上,对原有保险装置改进后新增加了液压保险装置,其他主要构造、工作过程及原理与上述颚式碎矿机相同。它的最大特点是用液压装置为保险及排矿口调节装置。液压颚式碎矿机的构造如图 2－8 所示。

(1)液压保险及排矿口调整装置:该装置为设在连杆下端的液压缸,它是我国近年来广泛采用的规格为 1500mm×2100mm 液压简单摆动颚式碎矿机。它是兼有液压保险和排矿口调整功能的装置。当碎矿腔中有难碎异物进入时,液压缸的压力增大,连杆下端的肘板座向下移动,两肘板间的夹角减小,可动颚板后退,排矿口增大,难碎异物排出后压力减小,恢复正常工作状态。此外,也可用改变液压缸压力的办法,调整排矿口的大小。颚式碎矿机除上述改进外,还对启动方式及机座结构进行了改进。

(2)液压分段启动:为便于大型颚式碎矿机启动而设计了三步启动程序,即分段启动。在偏心传动轴的两端各装有一个液压摩擦离合器,其中一个装在偏心传动轴与皮带轮之间,另一个装在偏心传动轴与飞轮之间。离合器在弹簧的作用下,使传动轴与皮带轮及飞轮紧密结合。启动

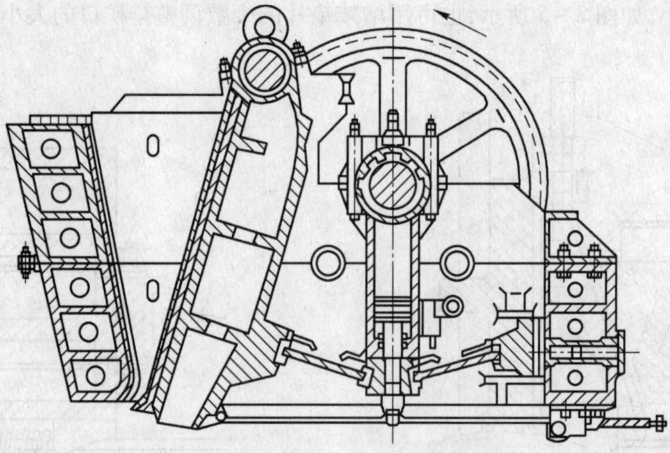

图 2－8　1500mm×2100mm 液压颚式碎矿机

前，首先，用液压轴泵向装置在偏心传动轴两端的两个油缸注油。当油压增加至 29kg/cm² 时活塞向偏心轴两端伸出弹簧被压缩，使皮带轮及飞轮与偏心轴传动轴脱离，再启动电动机使皮带轮运转。待正常运转后油缸中的油卸压并返回油箱中，离合器闭合，飞轮也开始正常运转，经上述三步完成全部启动过程，碎矿机进入正常工作状态。

（3）机座分段组合结构：随着矿山生产能力的增大，碎矿设备的规格也随之增大。为便于制造、运输、安装及检修，将笨重的机座分上、下两段制造再组合安装。此法仅适用于大型颚式碎矿机，当碎矿机的规格大于 1200mm×1500mm（给矿口宽度×长度）时采用。

C　复杂摆动颚式碎矿机

复杂摆动颚式碎矿机有一个肘板，因此又称单肘下动型颚式碎矿机。该机的可动颚板及连杆合为一体，其运动特性既有前后摆动又有上、下运动，由于运动特性比较复杂，由此得名为复杂摆动颚式碎矿机，简称复摆颚式碎矿机。复摆颚式碎矿机的构造如图 2－9 所示。

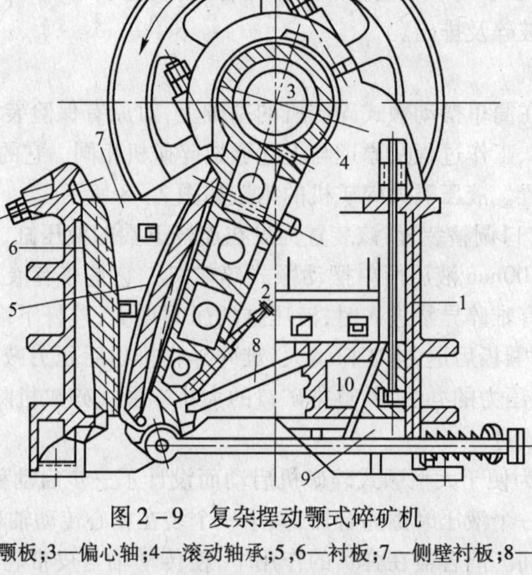

图 2－9　复杂摆动颚式碎矿机

1—机架；2—可动颚板；3—偏心轴；4—滚动轴承；5，6—衬板；7—侧壁衬板；8—肘板；9，10—楔块

(1)复杂摆动颚式碎矿机的构造:它主要由机架、固定颚板、可动颚板、偏心传动轴、皮带轮、飞轮、滚动轴承、衬板、侧壁衬板、肘板、调整楔块、拉杆及弹簧等部件组成。

(2)复摆颚式碎矿机的工作过程:偏心传动轴在电机的带动下不断旋转,当偏心传动轴(如图2-7所示)的偏心距向上运动时连杆即可动颚板向上运动的同时又向前运动,既向固定颚板靠近,使碎矿腔的容积减小,其中的矿石受到挤压和剪切而被破碎。当偏心距向下运动时连杆即可动颚板向下运动,可动颚板离开固定颚板。已碎矿石借自重下落排出,此时拉杆及弹簧可使可动颚板、肘板及后肘板座等部件保持紧密结合而不分离。

2.2.1.2 圆锥碎矿机

圆锥碎矿机是依靠内、外两锥体所形成的环形碎矿腔进行碎矿,根据机械的构造特点及适用的粒度范围可分为粗碎圆锥碎矿机和中、细碎圆锥碎矿机两大类。

A 粗碎圆锥碎矿机

粗碎圆锥碎矿机的竖轴上部悬挂,可动内锥随竖轴以上部悬挂点为支点沿周围方向做回转摆动,因此又称旋回式碎矿机,又因它的主轴及可动内锥悬挂在上部的横梁上,所以又称悬轴式圆锥碎矿机。目前以中心排矿式应用较多,该机的规格(给矿口/排矿口)较大,处理能力大,工作可靠,适用处理大粒度矿石,常用于粗碎。粗碎圆锥碎矿机的构造如图2-10所示。

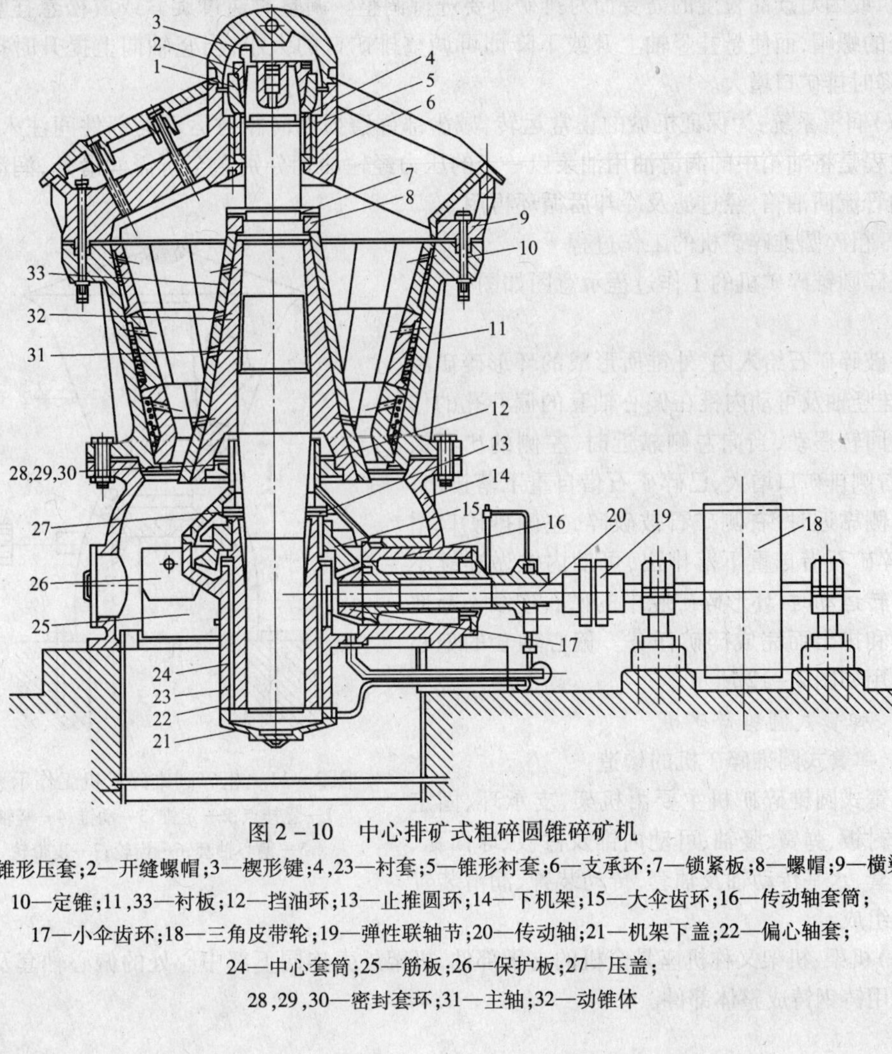

图2-10 中心排矿式粗碎圆锥碎矿机

1—锥形压套;2—开缝螺帽;3—楔形键;4,23—衬套;5—锥形衬套;6—支承环;7—锁紧板;8—螺帽;9—横梁;10—定锥;11,33—衬板;12—挡油环;13—止推圆环;14—下机架;15—大伞齿环;16—传动轴套筒;17—小伞齿环;18—三角皮带轮;19—弹性联轴节;20—传动轴;21—机架下盖;22—偏心轴套;24—中心套筒;25—筋板;26—保护板;27—压盖;28,29,30—密封套环;31—主轴;32—动锥体

a　粗碎圆锥碎矿机的构造

该机主要由横梁、机架、碎矿机构、传动机构、排矿口调整机构、保险装置及润滑系统等组成。主要受力部件均由铸钢铸成。

(1)横梁:横梁又称星形架,位于机体的最上面,它在作业时用来悬挂带有锥体的竖轴。

(2)机架:机架由上、下两部分组成,用螺栓紧固为一个整体。上部机架就是固定外锥,为防止锥体磨损在内表面固定有数块耐磨性较好的锰钢衬板;下部机架即机座与水平传动轴的轴套及偏心轴套铸成为整体结构。

(3)竖轴及内锥:竖轴是该机实现碎矿作用的关键部件之一,因受力较大,常用35~50号钢或合金钢铸成,上端悬挂在横梁上,用螺帽固定,在竖轴上固定有可动内锥,为防止锥体磨损在外表面套有环形锰钢衬板,下端插入偏心轴套的偏心孔中。

(4)碎矿机构:上述外锥、内锥所形成的环形碎矿腔用来破碎矿石。因此,固定外锥和可动内锥就是碎矿机构。

(5)传动机构:传动机构由三角槽带轮、弹性联轴节、水平传动轴、小齿轮、大齿轮、偏心套等几个主要部件组成,通过电动机带动。

(6)排矿口调整装置:因固定在两锥体的衬板在工作中不断磨损,而使排矿口增大,排矿粒度变粗,或因对产品粒度的需要而对排矿口要进行调整。调整时通过旋紧或放松悬挂竖轴在悬挂点处的螺帽,而使悬挂竖轴上升或下降即可调整排矿口的大小,当竖轴向上提升时排矿口减小,下降时排矿口增大。

(7)润滑系统:为保证机械的正常运转,减少部件磨损而向相对运动的部件间注入润滑油。润滑过程是将油箱中的润滑油用油泵以一定的压力经输油管分别送至所需润滑处,润滑后的油经回油管流回油箱,经过滤及冷却后循环再用。

b　粗碎圆锥碎矿机的工作过程

粗碎圆锥碎矿机的工作过程示意图如图2-11所示。

待破碎矿石给入内、外锥所形成的环形碎矿腔中,悬挂竖轴及可动内锥在偏心轴套的偏心孔的作用下做回转摆动,当向左侧靠近时,左侧的矿石被破碎,右侧排矿口增大,已碎矿石借自重下落排出;当向右侧靠近时,右侧矿石被破碎,左侧排矿口增大,已碎矿石借自重下落排出,可动内锥做连续不断的回转运动时,环形碎矿腔中的矿石连续不断地被破碎和排出而完成碎矿任务。偏心轴套的偏心孔的作用如图2-12所示。

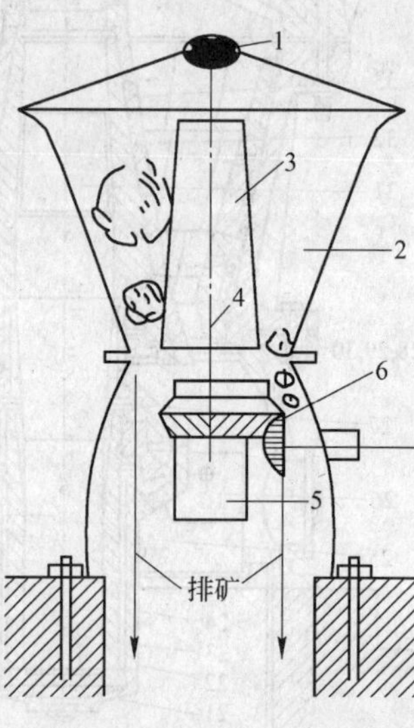

图2-11　粗碎圆锥碎矿机工作示意图
1—悬挂点;2—定锥;3—动锥;4—竖轴;
5—偏心轴套;6—齿轮;7—皮带轮

B　弹簧式圆锥碎矿机

a　弹簧式圆锥碎矿机的构造:

弹簧式圆锥碎矿机主要由机架、支承环、固定外锥及衬板、弹簧、竖轴、可动内锥及衬板、球面瓦、偏心轴套、水平传动轴及轴套、传动装置、润滑装置等部件组成。

(1)机架:机架又称机座是全机的支承部件,机架外壳连同下部中心处的偏心轴套及水平传动轴套用铸钢铸成整体部件。

(2)支承环及弹簧:在机架的上面安装有支承环,通过几组弹簧及螺栓与机架呈弹性连接。

(3)固定外锥及衬板:在支承环内通过螺纹连接方式固定有伞形固定外锥,为防止锥体磨损在内表面装有环形伞状锰钢衬板,锥体与衬板常用锌、铅及合金等浇注在一起。

(4)竖轴及可动内锥:机体的中心处有一个钢质竖轴,顶端装有分配矿石的分配盘,中部固定有伞形可动内锥,为防止锥体磨损用上述方法在外表面固定有环形伞状锰钢衬板,竖轴的下端插入偏心轴套的偏心孔中,可动内锥的下表面座在球面瓦上以便支承。

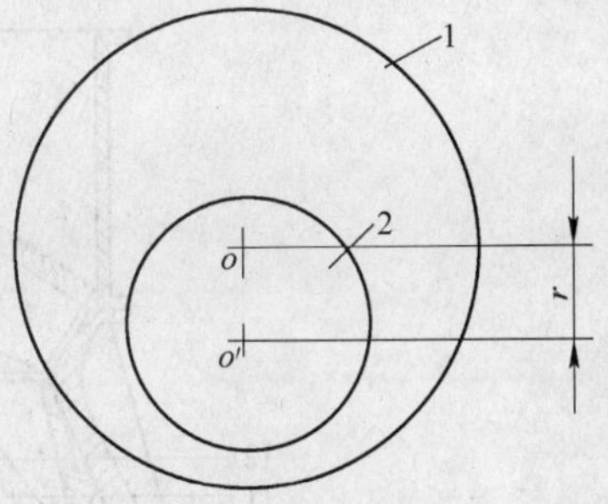

图2-12 偏心轴套示意图

1—偏心轴套;2—偏心孔;
r—偏心距

(5)伞齿轮及水平传动轴:大伞齿轮与偏心轴套相对固定,小齿轮与大伞齿轮相咬合,通过水平传动轴、减速器由电动机带动旋转。

(6)排矿口的调整装置:为满足对产物粒度的要求而需要对排矿口进行调整时,借助支承环与固定外锥间的联结螺纹进行,沿螺纹转动外锥使其升、降而改变排矿口的大小,当固定外锥上升时排矿口增大,下降时排矿口减小。

(7)保险装置:安装在碎矿机四周的几组弹簧就是它的保险装置,当有铁类等难碎异物进入碎矿腔时,固定外锥受到较大的向上压力,弹簧被压缩,将支承环及固定外锥抬起,排矿口增大,难碎异物排出后弹簧恢复正常状态,碎矿机开始正常工作。

(8)润滑系统:弹簧式圆锥碎矿机的润滑系统及润滑过程与粗碎圆锥碎矿机基本相同。

b 弹簧式圆锥碎矿机的工作过程

弹簧式圆锥碎矿机的竖轴及可动内锥在伞齿轮的带动下而运动,由于竖轴的下端插入偏心轴套的偏心孔中,因此,可动内锥在偏心孔的作用下做周期性的回转摆动。矿石经分配盘均匀给入两锥体所形成的环形碎矿腔中,当偏心距向左侧运动时,左侧碎矿腔减小,矿石被破碎,同时右侧排矿口增大,已破碎矿石借自重下落排出。当偏心距向右侧运动时,右侧碎矿腔变小矿石被破碎,同时左侧排矿口增大,已碎矿石借自重下落排出,碎矿机经过上述过程完成一个碎矿周期,碎矿机在连续不断的工作中不断将碎矿腔中的矿石破碎及排出。偏心轴套可参照图2-12,其作用与粗碎圆锥碎矿机相同。

弹簧式圆锥碎矿机排矿口的调整比较麻烦,弹簧保险装置可靠性差,轻者造成碎矿腔堵塞而停产,重者造成竖轴及相关部件损坏。

C 液压式圆锥碎矿机

由于弹簧式圆锥碎矿机存在上述缺点,在原有设备的基础上对排矿口调整装置及保险装置作了较大改进而研制了液压式圆锥碎矿机。该机的液压装置分为单缸及多缸两种,单缸液压圆锥碎矿机是我国的定型产品,而多缸式的应用不多。单缸式液压圆锥碎矿机的构造如图2-13所示。

该机的构造主要有上机架即固定外锥并在内表面固定有锰钢衬板,下机架连同轴套,水平传动轴套铸为一体,上、下机架由螺栓固定在一起,偏心轴套下方用螺栓固定有液压油缸,竖轴上固定有可动内锥,并在其外表面装有锰钢衬板,竖轴下部插入偏心轴套的偏心孔中,并支承在液压缸的活塞上。单缸液压圆锥碎矿机构造示意图及液压保险装置如图2-14所示。

单缸液压圆锥碎矿机传动机构、工作及润滑过程与弹簧式圆锥碎矿机基本相同。

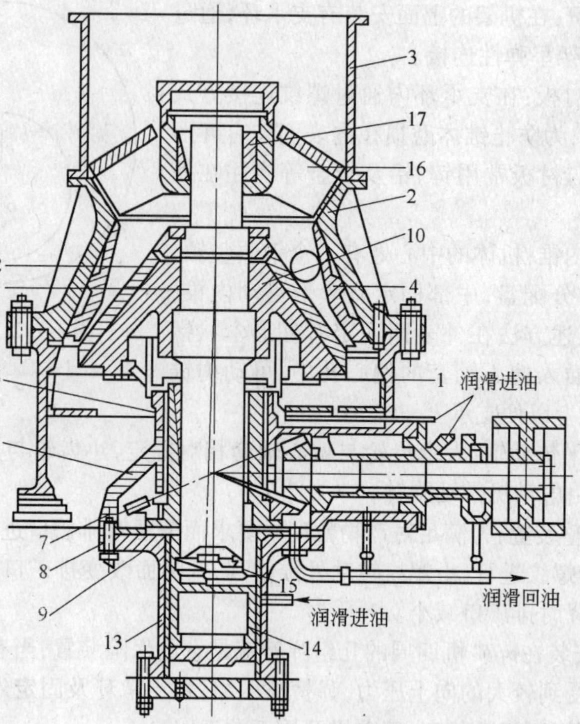

图2－13　单缸液压式圆锥碎矿机

1—下部机架；2—上部机架；3—给矿漏斗；4—衬板；5—中心套筒；6—偏心轴套；7—大伞齿轮；8—底盘；9—止推圆盘；10—动锥体；11—主轴；12—衬板；13—油缸；14—活塞；15—止推圆盘组；16—横梁；17—衬套

液压保险及排矿口调整装置：单缸液压圆锥碎矿机的保险装置及排矿口调整装置均为机体下面的液压系统，当碎矿腔中有难碎异物进入时，可动内锥所承受的压力增大，此压力通过竖轴传递给下面液压油缸的活塞，将油压回油箱，此时排矿口增大，难碎异物排出后油箱中的油流回液压缸，通过液压缸的活塞将竖轴连同可动内锥顶起恢复原位，碎矿机恢复正常工作。

排矿口的调整可用调整油压大小的方法使活塞上升、下降，促使可动内锥升、降来调整排矿口。

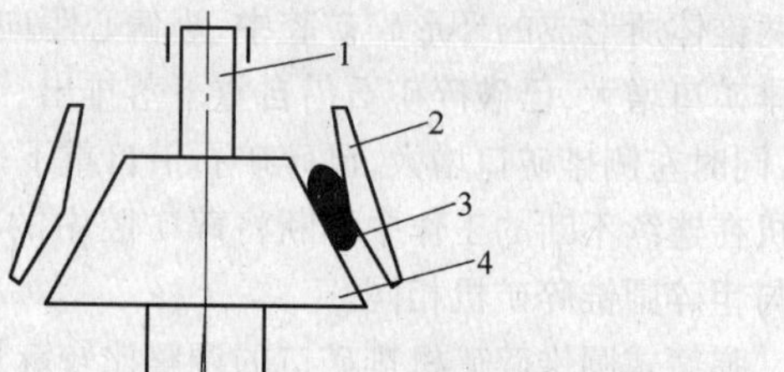

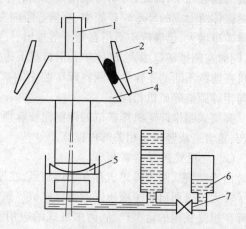

图2－14　单缸液压圆锥碎矿机构造示意图

1—竖轴；2—固定外锥；3—矿石；4—可动内锥；5—液压缸；6—蓄能器；7—液压阀

2.2.1.3　*反击式碎矿机*

反击式碎矿机是利用高速旋转的板锤对矿石进行强烈的打击而使矿石破碎的一种新型高效碎矿设备，它的构造简单、体积小、生产能力大、产品粒度均匀、能耗少，是很有发展前景的一种碎矿机械。反击式碎矿机根据转子个数不同可分为单转子式和双转子式两种，单转子反击式碎矿机的构造如图2－15所示。

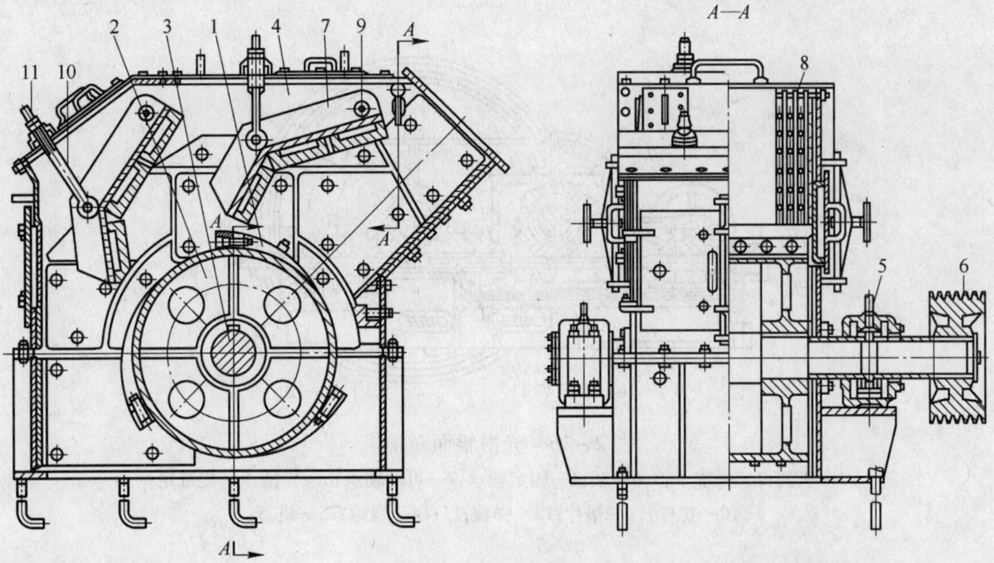

图2-15 单转子反击式碎矿机

1—板锤;2—转子;3—主轴;4—机体;5—轴承;6—皮带轮;7—反击板;
8—链幕;9—悬挂轴;10—拉杆;11—螺帽

(1)单转子反击式碎矿机的构造:单转子反击式碎矿机的构造比较简单,主要有:机体即机座,在上面用螺栓固定有防护罩,水平传动轴用滚动轴承支承在机座上,传动轴上固定一个转子,再在转子上铰链连接几个用于破碎矿石的板锤,在防护罩的下方碎矿腔中悬挂两个起反击作用的反击板,以及为防止在碎矿过程中碎石飞溅而设置的链幕。

(2)反击式碎矿机的工作过程:反击式碎矿机的工作过程也比较简单,矿石经链幕的空隙给入碎矿腔中,矿石在高速旋转的板锤的强烈打击下将矿石破碎,同时又将矿石打向反击板,与反击板相撞,再次被破碎,反射回来的矿石再次被板锤打击而破碎,矿石也可在第二个反击板处被击碎,被破碎后的矿石由机体下部排出。反击式碎矿机破碎硬而脆的矿石效果最好。

由于板锤、反击板反复高速打击矿石,磨损较为严重,需及时停机更新,新型耐磨材料的不断出现为该机的普遍应用开创了新的前景。

反击板的方向以及反击板与板锤间的距离可根据实际需要进行调整。

反击式碎矿机的规格用转子直径×长度表示。

2.2.1.4 辊式碎矿机

辊式碎矿机是利用转动的圆辊对矿石进行破碎的一种古老的碎矿设备。由于构造简单、轻便、价格低廉、工作可靠、产品粒度均匀、过粉碎现象少等原因,虽然在选矿工业中应用不多,但在水泥等其他工业中常有应用。

辊式碎矿机有单辊式、双辊式、四辊式等多种。目前以双辊光滑辊面式应用较多,光滑辊面对辊机如图2-16所示。

对辊机的构造及工作过程均很简单,在两个水平转动轴上分别固定一个圆辊,在辊的表面套上环形耐磨锰钢衬套,其表面多为光滑型辊面。为防止辊套脱落常用梢子紧固,两个圆辊用可滑动的轴承分别平行安装在机座上,两个圆辊各有一个皮带轮,在两个电动机的带动下作相向向下旋转,对辊机工作过程如图2-17所示。

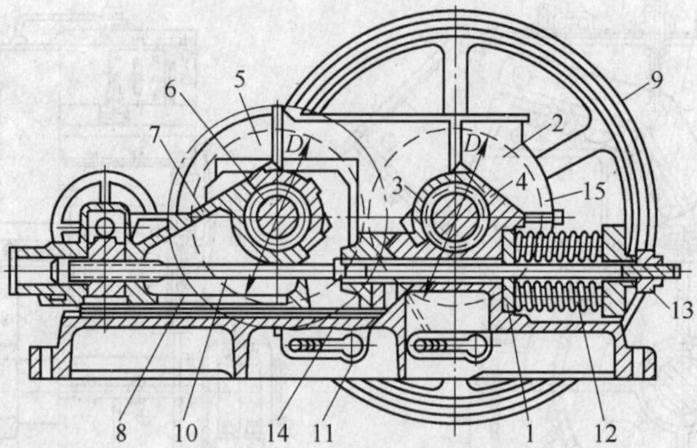

图2-16　光滑辊面对辊机

1—机架;2,5—辊子;3,6—轴;4—固定轴承;7—可动轴承;8—导槽;9—皮带轮;10—拉杆;11—垫片;12—弹簧;13,14—螺帽;15—机罩

对辊机的保险及排矿口是通过拧紧或放松弹簧和改变轴承座位置的办法进行调整。

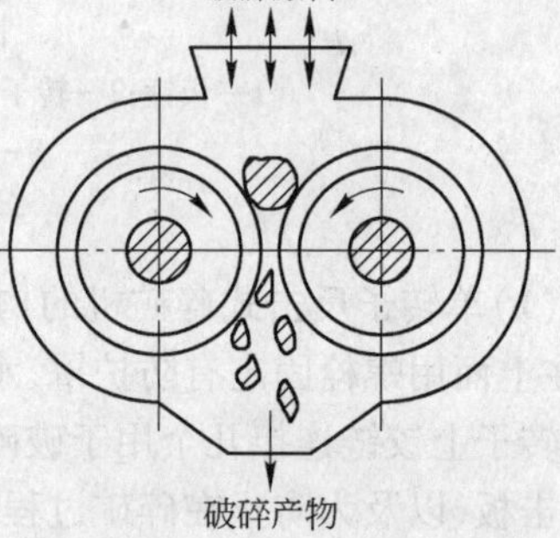

图2-17　对辊碎矿机工作示意图

2.2.2　影响碎矿机工作的主要因素

影响碎矿机工作的因素很多,主要有啮角及平行带的长度、矿石的硬度、脆性、密度、湿度、解理以及物料的粒度组成、碎矿比、碎矿机的工作转数等。

啮角是两碎矿部件间的夹角,啮齿越小排矿口越大,碎矿比越小,矿石易通过,生产能力较大;平行带越长矿石被破碎的宽度较长,生产能力较大;矿石的硬度较大时难以破碎,生产能力较低;矿石较脆时易于破碎生产能力可以提高;密度大时以重量计算的生产能力较高;矿物间解理发达的易碎矿生产能力较高;物料中粗粒所占比例较大时处理能力相应较低;碎矿比越大处理能力越低;碎矿机转数对生产能力有直接影响,一般而言,提高工作转数可提高处理能力,但提高幅度应适当,总的原则是须保证已碎矿石有足够的排出时间。

碎矿比的大小也是影响碎矿机处理能力的重大因素,当碎矿比大时碎矿机的处理能力自然会下降,各种碎矿机在不同作业条件的适宜的碎矿比如表2-1所示。

表2-1　各种碎矿机不同作业条件下的碎矿比范围

破碎段	破碎机型号	工作条件	碎矿比范围
第Ⅰ段	颚式破碎机和旋回破碎机	开路	3~5
第Ⅱ段	标准圆锥破碎机	开路	3~5
第Ⅱ段	中型圆锥破碎机	开路	3~6
第Ⅱ段	中型圆锥破碎机	闭路	4~8
第Ⅲ段	短头圆锥破碎机	开路	3~6
第Ⅲ段	短头圆锥破碎机	闭路	4~8

2.3 筛分

2.3.1 概述

2.3.1.1 筛分的目的及种类

筛分就是将矿石在筛分机械上筛分成小于筛孔和大于筛孔的不同粒度级别的矿石的过程。它是碎矿作业中的重要一环。待筛分的矿石是由各种不同粒度矿石组成的混合物，其中小于碎矿机排矿的部分，可不经碎矿预先筛出，这种筛分称为预先筛分，小于碎矿机排矿的细粒筛出后可提高碎矿机的处理能力；矿石经碎矿机碎矿后再进行筛分称为检查筛分；在闭路碎矿机作业中的筛分可将小于筛孔的细粒筛出，粗粒经碎矿机破碎后再返回筛分机械，以便控制矿石粒度，这种筛分称为预先检查筛分。预先筛分、检查筛分、预先检查筛分如图 2－18 所示。

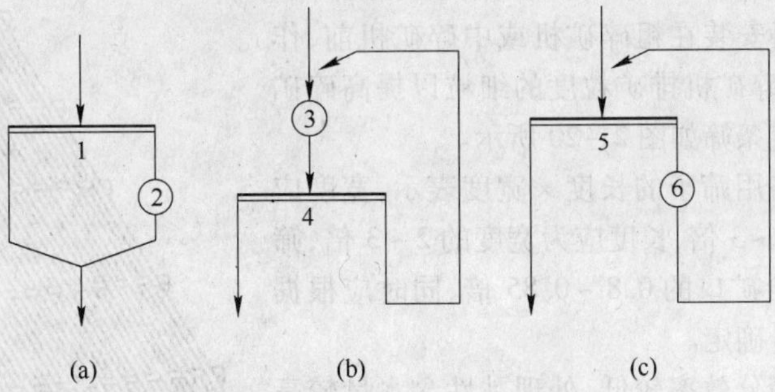

图 2－18　筛分各种类线流程图

(a)预先筛分；(b)检查筛分；(c)预先检查筛分；1,4,5—筛分机；2,3,6—碎矿机

2.3.1.2 筛分机械的种类

筛分机械的种类较多，根据筛分机械的工作状态以及工作原理不同，筛分机械可分为固定筛、圆筒筛、振动筛。此外，还有重型筛、直线筛、共振筛、弧形筛、细筛等多种。

2.3.2 筛分机械

2.3.2.1 固定筛

固定筛的特点是筛分机械固定不动，在无任何外力作用下借矿石自重通过筛孔而分成小于筛孔的筛下物和大于筛孔的筛上物两个粒度级别。根据安装形式不同又可分为固定格筛和固定条筛两种。由于构造简单，易于制造，不需动力，成本低，因此在碎矿作业中广泛应用。

A　固定格筛

固定格筛的筛体用粗大的钢材制成方形筛孔，筛孔的大小可根据具体情况自行确定。水平固定在粗碎矿仓的顶上。

采矿部门提供的原矿中常含有大于粗碎机给矿最大粒度的大块，如直接进入碎矿机，给碎矿机的操作造成很大困难，甚至造成机械故障，为防止上述现象的出现，常在粗碎前采用固定格筛。小于筛孔的小块落入粗碎矿仓中，筛上大块可用人工方法打碎，难以打碎或过大矿块可用爆矿方法破碎。

B　固定条筛

固定条筛又称棒条筛，棒条可用不同断面方钢、铁道等金属钢材以 25～50mm 的间距平行排列形成长条形筛孔，棒条的断面形状如图 2－19 所示。

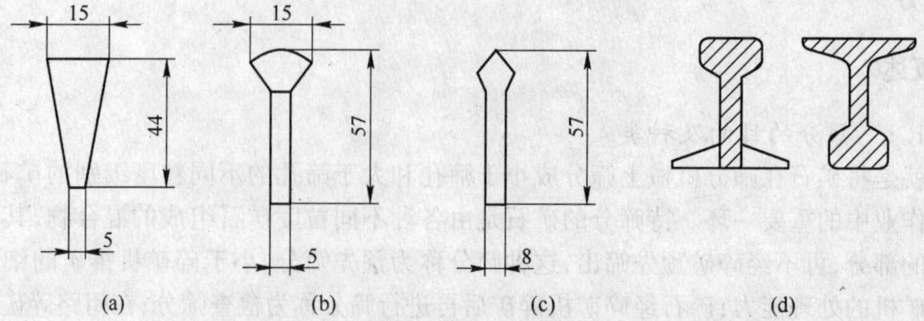

图 2－19　棒条断面形状图（单位：mm）

固定条筛的筛条用长方形的筛框固定成筛体，以 40°～50°的倾角倾斜安装在粗碎矿机或中碎矿机前，作预先筛分，筛出小于碎矿机排矿粒度的细粒以提高碎矿机的处理能力。固定条筛如图 2－20 所示。

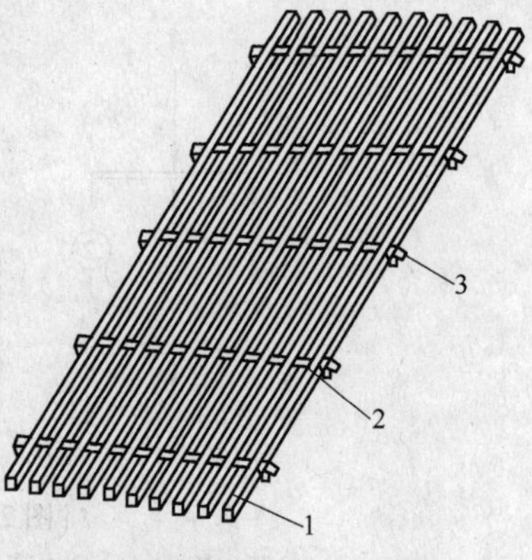

图 2－20　固定条筛

1—格条；2—垫圈；3—横杆

固定条筛的规格用筛子的长度×宽度表示，宽度应大于最大粒度的 2.5～3 倍，长度应为宽度的 2～3 倍，筛孔尺寸应为碎矿机给矿口的 0.8～0.85 倍、同时应根据碎矿机的规格及型号确定。

虽然固定筛的筛分效率较低，处理黏性含水量较高时易堵塞，操作时劳动强度大，但因易于自做，无运动部件等原因目前在选矿厂中仍较常用。

2.3.2.2　振动筛

振动筛工作时筛体处于振动状态因而称振动筛。由于产生与筛面相垂直或近于垂直的强烈振动，小于筛孔的细粒迅速通过筛孔而成为产下产品，振动筛有较高的处理能力和高达 80% 的筛分效率，而且构造简单，操作维护方便，耗电少，在选矿工艺中广泛应用。

振动筛的种类较多，各种振动筛的外形基本相同，但使筛子产生振动的部件及工作原理不同。振动筛有偏心振动筛，惯性振动筛，自定中心振动筛等多种。

A　偏心振动筛

偏心振动筛是依靠偏心传动轴的高速旋转而使筛子产生振动，所以称为偏心振动筛，偏心振动筛的示意图如图 2－21 所示。

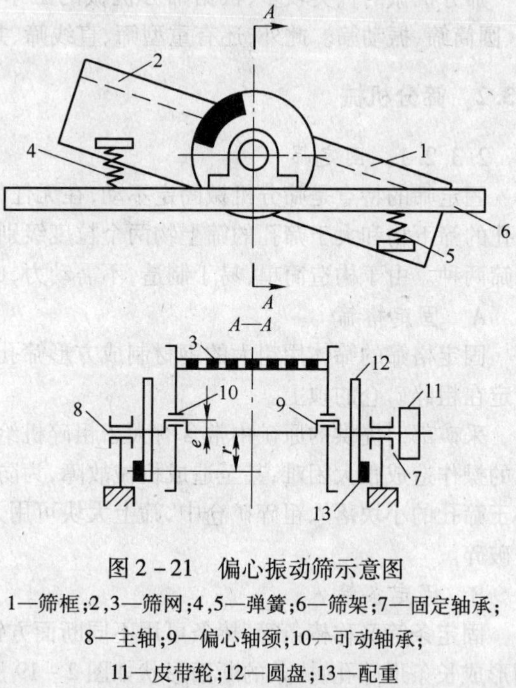

图 2－21　偏心振动筛示意图

1—筛框；2，3—筛网；4，5—弹簧；6—筛架；7—固定轴承；8—主轴；9—偏心轴颈；10—可动轴承；11—皮带轮；12—圆盘；13—配重

（1）偏心振动筛的构造：偏心振动筛主要由筛框、筛面、偏心传动轴、圆盘及配重物等几个主要部件组成。

偏心振动筛的筛框用普通钢板焊成矩形外框，在其上固定有适宜形状和大小筛孔的冲孔筛面或金属丝织钢筛面，偏心传动轴与筛框的两侧壁间装有滚动轴承，传心传动轴的两侧装在滚动轴承中，筛子以15°~25°的倾角倾斜安装在基础上，轴的两侧各有一个圆盘，在圆盘上装有配重物。

(2)偏心振动筛的工作过程及原理：偏心振动筛工作时偏心轴不断旋转，当偏心距向上运动时筛子升起，筛上物料被抛起并松散，当偏心距向下运动时筛子下降，被抛起的物料借自重落回筛面，物料在筛面上经过多次抛起、下落而使小于筛孔的细粒通过筛孔成为筛下产品，大于筛孔的筛上粗粒最终由筛子末端排出为筛上产物，从而达到将各种粒度组成的粒群筛分成不同粒度级别产品的目的。

偏心振动筛在高速振动的过程中受到很大的惯性力，为使基础免受损坏而装有配重物，配重物的运动方向正好与筛子的运动方向相反，所产生的惯性力与筛子的惯性力大小相等、方向相反，保证了偏心振动筛工作平稳可靠。如有需要可调整配重物与偏心轴间距离以满足上述要求。

偏心振动筛为刚性振动，虽然振幅不随筛上负荷的变化而变化，但工作中产生强烈的振动，对机械及建筑物十分不利，新建选厂已很少采用。

B 惯性振动筛

惯性振动筛是利用装在传动轴上的偏重物随轴一起旋转而产生的惯性力使筛子产生振动，所以称为惯性振动筛。惯性振动筛示意图如图2-22所示。

(1)惯性振动筛的构造：惯性振动筛与偏心振动筛有很多相同之处，如筛框、筛面、圆盘及偏重物、滚动轴承等。主要区别在于传动轴是非偏心的普通轴，筛子用弹簧弹性支承在基础上。

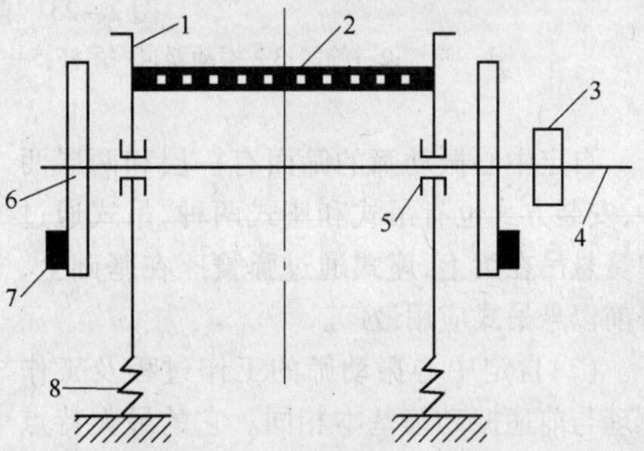

图2-22 惯性振动筛示意图

1—筛箱；2—筛网；3—皮带轮；4—主轴；5—轴承；6—偏重轮；7—重块；8—板弹簧

(2)惯性振动筛的工作过程及工作原理：惯性振动筛的传动轴在电动机的带动下高速旋转，轴上的圆盘及配重物在旋转过程中产生较大的惯性力，筛子在惯性力的作用下高速振动，当筛子向下运动时，下面的弹簧被压缩，筛子向上运动时弹簧伸长并复原，筛子经过上述过程产生连续不断的上、下振动，其筛分过程与偏心振动筛相同。国产惯性振动筛分为座式（见图2-22）和吊式（见图2-23）两种。按筛面层数不同分为单层筛和双层筛两种，为提高筛分效率双层筛也可做单层筛使用。

惯性振动筛的振幅较小，频率高，仅适用于中、细粒物料的筛分，它的振幅又随负荷的大小而变化，当给矿量大时振幅减小，影响处理能力及筛分效率。电动机随筛子一起振动而影响寿命，筛子的规格不宜过大，因此仅适用于中、小型选矿厂，目前大型选矿厂已很少采用。

C 自定中心振动筛

自定中心振动筛是在前述振动筛的基础上克服了某些不足，而改进的一种比较完善的振动筛。自定中心振动筛工作时筛子做高速振动，但槽带轮的空间位置不变，因此称为自定中心振动筛，自定中心振动筛如图2-23所示。

(1)自定中心振动筛的构造：自定中心振动筛主要由筛框、筛面、偏重物、偏心传动轴、轴承、弹簧等部件构成。

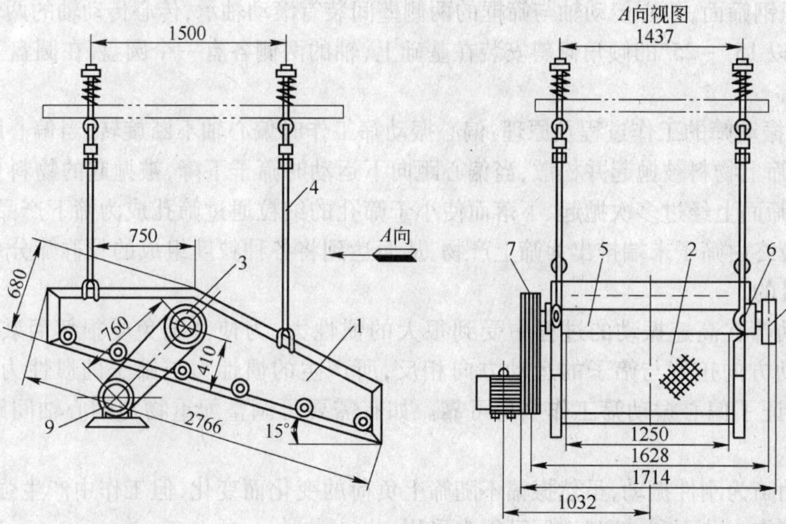

图2－23 自定中心振动筛

1—筛框;2—筛网;3—振动器;4—吊杆;5—主轴;6—轴承座;7—皮带轮;8—飞轮;9—电机

自定中心振动筛的筛面有一层和两层两种,安装方式也有吊式和座式两种,吊式通过弹簧悬吊在梁上,座式通过弹簧座在基础上,目前以悬吊式应用最广。

(2)自定中心振动筛的工作过程及工作原理与前述振动筛基本相同。它的最大特点是皮带轮的中心位置不变,自定中心原理如图2－24所示。

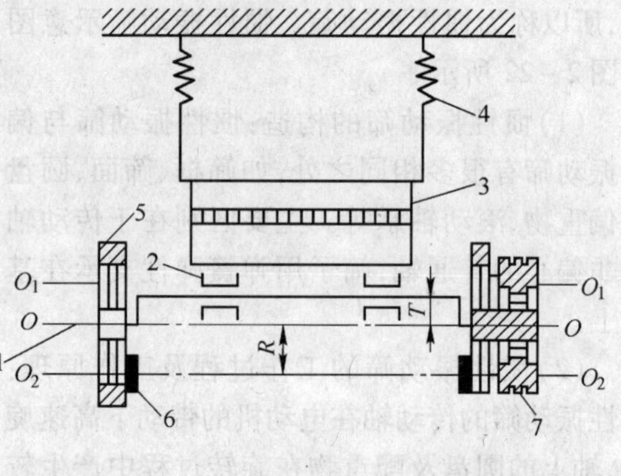

图2－24 自定中心振动筛工作原理

1—主轴;2—轴承;3—筛框;4—弹簧;5—偏重轮;6—配重;7—皮带轮

自定中心振动筛工作时,筛子在偏心轴作用下做上、下振动,当偏心轴的偏心距向上运动时筛子向上运动,同时又产生向上的惯性力,偏心轴的偏心距向下运动时筛子向下运动,同时又产生向下的惯性力,使筛子整体产生振动。为使振动筛保持平稳,当偏心距向上运动时,偏重物向下运动;偏心距向下运动时,偏重物向上运动,二者所产生的惯性力大小相等、方向相反,筛子上、下运动的距离等于偏心轴偏心距的大小。此时偏心传动轴上的槽带轮的空间位置不变,即自定中心。当上述平衡不能达到时,可调整偏重物径向位置就可保持槽带轮的空间位置不变,达到自定中心的目的。

自定中心振动筛工作稳定,振幅比惯性振动筛的振幅大,筛分效率可达80%以上,因此自定中心振动筛在选矿中被广泛采用。

除上述筛分机械外,还有重型振动筛、直线筛、共振筛、弧形筛、细筛等多种。

各种筛分机械均毫不例外地固定有筛面,筛面有两种,一种是金属丝织钢筛面,另一种是金属板钻(冲)孔筛面。筛面形式如图2－25所示。

2.3.3　筛分效率及计算

筛分的目的是从原矿中筛分出小于筛孔的细粒，提高碎矿机的处理能力，以及为磨矿作业提供合格矿石。筛分效果的好坏常用筛分效率来衡量，所谓筛分效率就是筛分时实际筛下来的筛下物的重量与入筛物料中含小于筛孔尺寸的矿粒的重量之比的百分数。在连续生产的实践中，对定义中的子项及母项的量进行实际称量很困难，经推导后得出的筛分效率计算公式如下：

$$E=\frac{100(a-b)}{a(100-b)}\times 100\%$$

式中　E——筛分效率；

a——入筛物料中小于筛孔粒级的含量百分数；

b——筛上产物中小于筛孔粒级的含量百分数；

100——筛下产物中小于筛孔粒级的含量百分数。

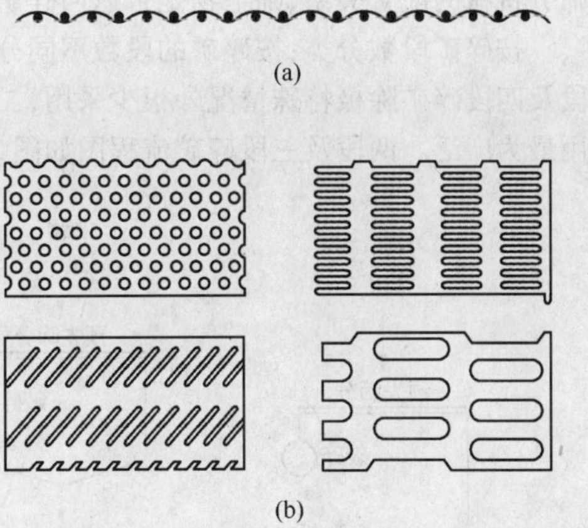

图 2-25　筛面形式

(a)金属丝织网筛面；(b)钻(冲)孔筛面

为计算筛分效率，首先在筛分机械的给矿处及筛上产物排矿处，分别截取有代表性的矿样，然后用与生产中相同筛孔的筛子分别筛至终点，最后计算出筛下含量的百分数即 a 和 b，代入上式即可。

2.3.4　影响筛分作业的因素

影响筛分机械工作效率的因素很多，主要有物料的粒度组成特性以及各粒级的含量多少。当物料中小于筛孔的含量较多时筛子的处理能力较大，反之则小；若难筛颗粒较多时会使筛孔堵塞降低处理能力，并严重影响筛分效率；物料中含水量或含泥量较高时使物料黏性增加，物料通过筛孔困难甚至将筛孔堵塞而影响筛子的处理能力及筛分效率；物料中矿粒有近似圆形、条形、板形、片形等各种不同形状，它们通过筛孔的几率各不相同，以近似圆形的矿粒最容易通过筛孔，而片状的矿粒通过筛孔的几率较小；筛子的构造特点、振幅及振次的多少、倾角等也是影响筛子工作的因素，但这些因素已基本固定，影响不会太大；给矿量大时处理能力虽大，但筛分效率较低；给矿不均使筛子工作不正常，应通过加强操作解决；筛孔越大，处理能力则越大，长条形筛孔对筛分较为有利，筛分机械倾角的大小对筛分效率及物料运动的运动速度也有一定的影响，筛分机械倾斜角度对筛分效率及筛上物料的运动速度的影响如表 2-2 所示。

表 2-2　筛面倾角与筛分效率及运动速度的关系

筛面倾角/(°)	15	18	20	22	24	26	28
筛分效率/%	94.51		93.80	83.4	81.29	76.65	68.93
物料运动速度/$m\cdot s^{-1}$		0.305	0.41	0.51	0.61		

2.4　碎矿筛分流程

碎矿筛分流程就是矿石经过碎石和筛分的过程，如将碎矿筛分的过程画成图就称碎矿筛分流程图。碎矿筛分流程的种类较多，可以根据下列三个因素加以分类。即碎矿的段数、碎矿机与筛分机械的配置关系、筛上物是否返回碎矿机再碎等加以确定。

按碎矿段数分类：按碎矿的段数不同分为一段碎矿、二段碎矿、三段碎矿、四段碎矿，其中一段及四段碎矿除极特殊情况外很少采用，二段碎矿和三段碎矿比较常用，尤其以三段碎矿流程应用最为广泛。两段及三段碎矿流程图如图 2-26 所示。

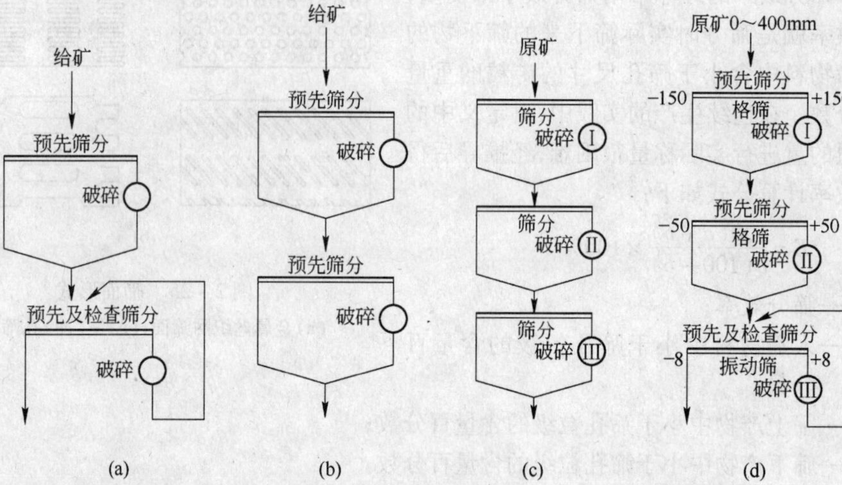

图 2-26　(a)，(b)两段碎矿流程；(c)，(d)三段碎矿流程

按筛分机械与碎矿机间的配置关系分类：按配置关系可分为预先筛分、检查筛分、预先检查筛分三种，筛分的种类如图 2-18 所示。

按筛上产物是否返回碎矿机再碎矿分类：按筛上产物是否返回可分为开路碎矿筛分流程（见图 2-26b、图 2-26c）和闭路碎矿筛分流程（见图 2-26a、图 2-26d）两种。开路碎矿筛分是物料不返回的碎矿筛分流程，闭路碎矿筛分流程是碎矿产物再返回筛分机械进行筛分。闭路碎矿流程仅用于碎矿作业的最后一段，为磨矿作业提供粒度严格、粒级组成均匀的矿石。

当矿山规模不大原矿粒度较小，所用设备也小时，两段碎矿产品粒度就能满足磨矿作业要求时，可采用两段闭路碎矿筛分流程。两段开路碎矿筛分流程多在重选厂采用，第二段碎矿作为棒磨机的原料进行粗磨再供应选矿作业，实际上就是以棒磨机代替第三段碎矿。

三段开路碎矿筛分流程在粒度上虽能达到碎矿作业的要求，但产品粒度的均匀性难以保证，在选矿厂应用不多。三段闭路碎矿筛分流程不仅在粒度上能满足磨矿作业的需要，而且产物由筛子严格控制，粒度的均匀性较好，有利于磨矿机提高处理能力和磨矿效率。三段闭路碎矿筛分流程是目前应用最广的碎矿筛分流程。

3 磨矿与分级

3.1 概述

磨矿与分级由磨矿与分级两个作业组成,相互紧密配合对矿石进行细加工。磨矿是将已破碎的矿石在磨矿机中磨细,是碎矿的后续作业,也是对矿石进行细化的第二道工序。除砂矿的选别外,无论采用何种选矿方法,选别何种矿物均需将矿石磨细,为选别作业提供适宜浓度的矿浆,因此,磨矿也是选别作业前的准备作业。磨矿效果的好坏对选别效果有非常重大的影响。

3.1.1 磨矿的目的

磨矿的目的主要有两个,一个目的是将矿石在磨矿机中磨细,使有用矿物与脉石,有用矿物与有用矿物达到单体解离。所谓单体解离,就是有用矿物中不含脉石,脉石中不含有用矿物,否则称为连生体。选矿过程中连生体的存在将严重影响选矿效果,如果连生体进入精矿会使精矿品位降低,如果进入尾矿又会影响回收率,多金属矿的连生体除影响精矿品位和回收率外,还会造成互相含杂,有的甚至成为有害杂质,为冶炼造成困难,由此可见单体解离是获得单一优质精矿的重要条件。另外一个目的是大多数选矿均是以水为介质的湿式选矿,在湿式磨矿的同时也为下一步的选别作业制备了适宜浓度的矿浆,为达到上述目的在磨矿过程中还需要向磨矿机中加入球、棒等磨矿介质。

3.1.2 磨矿介质

磨矿介质有两层含义,其一是在什么中磨,其二是用什么磨。磨矿可在空气中磨即所谓干式磨矿,但因磨矿效率较低,灰尘及噪音较大,除严重干旱缺水或干式选矿外均不采用干式磨矿。多数采用以水为介质的湿式磨矿,湿式磨矿是向磨矿机中连续不断地给入矿石和水,矿石在磨矿介质的不断冲击和磨剥作用下被磨细,用来将矿石磨细的物质就是磨矿介质,常用的磨矿介质有钢球或铁球,其次是钢棒,在特殊情况下也可用砾石,习惯上常把以球、棒、砾石为磨石介质的磨矿称为有介质磨矿。在磨矿过程中,有时也可不向磨矿机中加入磨矿介质,用矿石磨矿石。这种磨矿称为无介质磨矿,又称自磨。

3.1.3 分级

在磨矿过程中为使磨矿机更好地发挥作用,常用分级设备与之相配合,使合格的细粒尽早地分离出来供选别作业进行选矿,不合格的粗粒返回磨矿机再磨,所以分级就是把矿浆中各种不同粒度的混合物按沉降速度不同分成粗、细不同粒度级别的过程。分级有以空气为介质的干式分级和以水为介质的湿式分级,湿式分级效果较好,选矿厂的磨矿分级作业大多采用湿式分级,由于矿石中有用矿物的嵌布粒度特性很复杂,为防止过磨或提高磨矿效率不宜一次把有用矿物与脉石、有用矿物与有用矿物磨到单体解离,在粗磨的情况下使部分已单体解离的有用矿物,通过分级设备分离出来,尚未单体解离的连生体返回磨矿机再磨,这样既提高了磨矿效率又防止了过磨。

3.1.4 磨矿分级流程

上述磨矿机械与分级机械紧密配置,协同工作,由磨矿机与分级机构成的流程就是磨矿分级流程。实践中根据矿石性质的不同采用适当的磨矿分级流程完成选别前的矿浆准备工作。

3.2　磨矿

磨矿就是将矿石在磨矿机中磨细并达到选别作业的要求，在不同的条件下可采用不同的磨矿机械。

3.2.1　磨矿机械

磨矿机械的种类较多，分类方法不一，常从不同的角度分成不同的种类，磨矿机的分类结果如表 3－1 所示。

表 3－1　磨矿机分类表

分类依据	分　类　结　果			
磨矿介质	有介质磨矿			无介质磨矿（自磨机）
	球磨机	棒磨机	砾磨机	
筒体长度	短筒型 $L<D$	长筒型 $L>D$	管形 $L=(3\sim6)D$	
筒体形状	圆锥形球磨机	圆筒形磨矿机		
排矿方式	溢流式磨矿机	格子式磨矿机		

上述各类磨矿机中以溢流式球磨机及格子式球磨机应用最广，分别介绍如下。

3.2.1.1　溢流式球磨机

溢流式球磨机靠矿浆自流即溢流排矿，以球为磨矿介质，因此称溢流式球磨机，溢流式球磨机又有短筒、长筒、管型之分，但构造、工作过程及工作原理完全相同。溢流式圆筒形球磨机如图 3－1 所示。

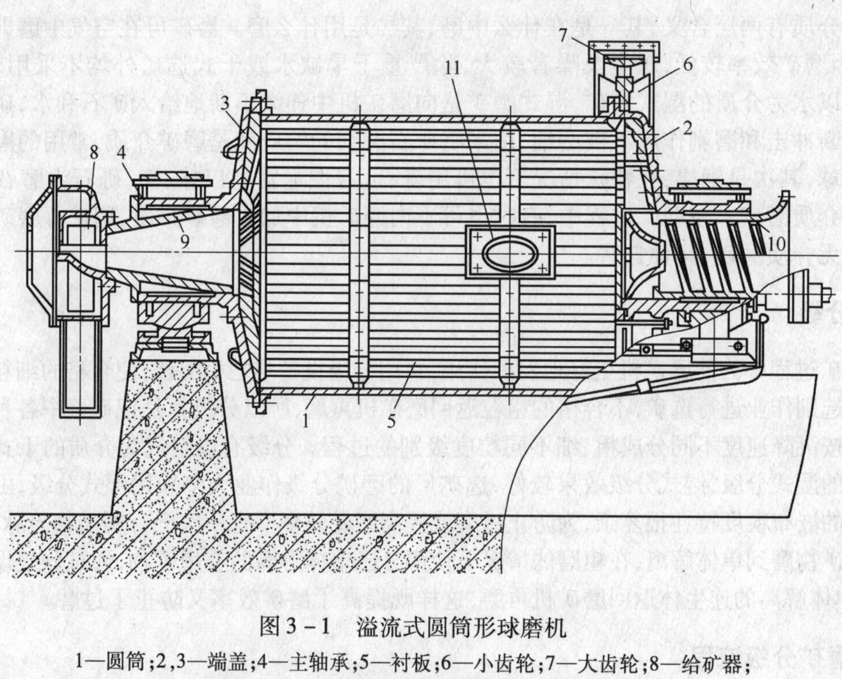

图 3－1　溢流式圆筒形球磨机

1—圆筒；2，3—端盖；4—主轴承；5—衬板；6—小齿轮；7—大齿轮；8—给矿器；9—锥形衬套；10—轴承衬套；11—检修孔溢流式球磨机主要由筒体、端盖、中空轴颈、衬板、球、给矿器、支承装置、传动及润滑系统等组成。

(1)筒体:球磨机的筒体由20mm左右的钢板卷成圆筒焊接而成,在筒体的两端分别焊有法兰盘,为检修方便在筒体上设有一个或两个检修孔,以便检修人员出入及检修材料送入或取出。球磨机在正常工作时检修孔用盖子盖好,在筒体及盖子之间放有防漏垫圈并用螺栓紧固以防矿浆泄漏。

(2)端盖及中空轴颈:在筒体的两端分别用螺栓固定有带中空轴颈的端盖,中空轴颈分别通过轴承座安装在基础上,中空轴颈与轴承座间可采用滑动轴瓦或滚动轴承以减少摩擦阻力。

(3)衬板:为防止筒体及端盖磨损在内表面固定有耐磨衬板,衬板的形状有多种形式,筒体部分多为矩形或条形,两端盖处均为扇形,不同形状的衬板如图3-2所示。

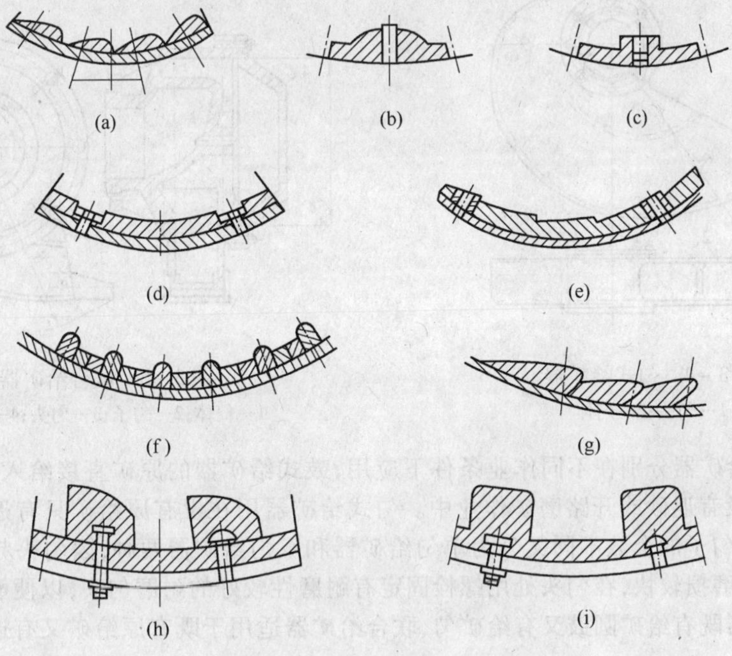

图3-2 不同形状的衬板

衬板的材质可用锰钢,橡胶等耐磨材料铸成,厚度为50~150mm不等,近年来有的选矿厂开始采用磁性衬板。在中空轴颈内部装有筒形内衬。

(4)球:球是球磨机的磨矿介质,用以击碎或磨细矿石,为提高磨矿效率可按不同比例装入40~150mm不同直径的球,球的材质可用铸铁、钢及其他耐磨材料,铁球性脆,耐磨性差,耗量大,磨矿效率低,现已很少采用。钢球可用锻造钢球或铸造钢球,钢球耐磨性好,损耗低,废球少,磨矿效果好,现在得到了广泛应用。此外,也可采用其他耐磨性较好的稀土铁球等。球在球磨机中的充填率为40%~50%。

(5)给矿器:给矿器是球磨机的给矿装置,通过螺栓固定在给矿端的中空轴颈上。根据磨矿机矿石来处不同分为鼓式给矿器、勺式给矿器、联合给矿器三种。鼓式给矿器如图3-3所示。勺式给矿器如图3-4所示。联合给矿器如图3-5所示。

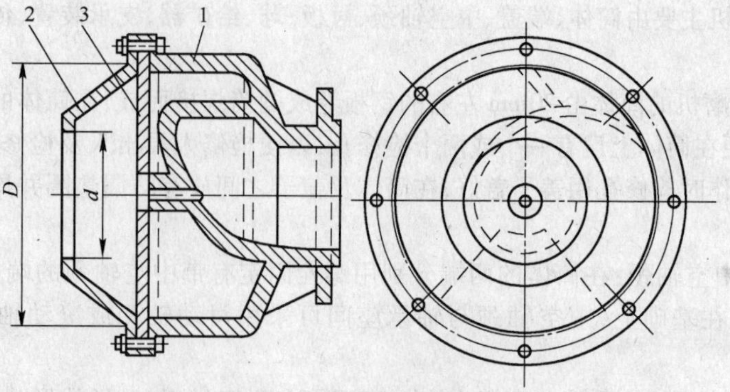

图3－3　鼓式给矿器

1—给矿的筒体；2—盖子；3—带扇形孔的隔板

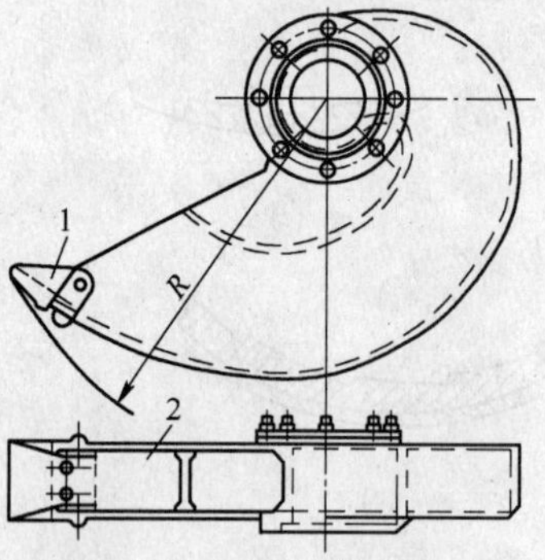

图3－4　勺式给矿器

1—勺头；2—勺体

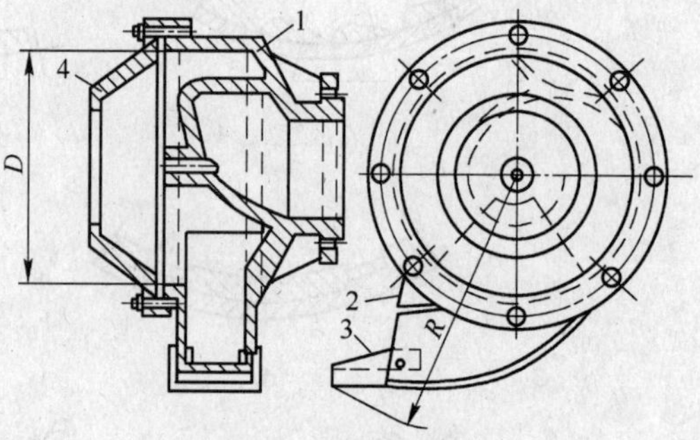

图3－5　联合给矿器

1—筒体；2—勺子；3—勺头；4—盖子

上述三种给矿器分别在不同作业条件下应用，鼓式给矿器的原矿直接给入鼓中，它适用只有原给矿而没有返砂或开路磨矿作业中。勺式给矿器用在没有原给矿只有返砂的磨矿分级作业中，根据勺子的个数不同又分为单勺给矿器和双勺给矿器两种，因勺头频繁与返砂中的粗粒相摩擦，磨损较快，在勺头处用螺栓固定有耐磨性较好的耐磨勺头，以便磨损后及时更换。联合给矿器既有给矿圆鼓又有给矿勺，联合给矿器适用于既有原给矿又有返砂的磨矿分级作业中。

(6)支承机构：球磨机通过两端中空轴颈下的轴承座支承在基础上。

(7)传动机构：球磨机通过大小齿轮、弹性联轴节、减速器由电动机带动旋转，小型球磨机也可用三角槽带通过槽带轮减速。

(8)润滑系统：球磨机的润滑系统视球磨机规格不同采用不同的润滑方式。小型球磨机在两中空轴颈及传动部件处用油杯滴油润滑，大型球磨机则采用油泵通过输油管向所需润滑处供油润滑，小型球磨机在大小齿轮间也可采用黄干油定期上油方法进行润滑。

球磨机可根据处理矿量及对产品粒度的要求分别采用短筒型球磨机、长筒型球磨机，如果用于中矿再磨可采用管型球磨机，它们的构造除筒体长度不同外与上述球磨机相同。

3.2.1.2　格子式球磨机

格子式球磨机是在溢流式球磨机的基础上经过改进的一种新式磨矿机，如图3－6所示。

A　格子式球磨机的结构

由于矿石在溢流式球磨机中停留时间较长，而使已单体解离的矿物产生过磨，对下一步选别

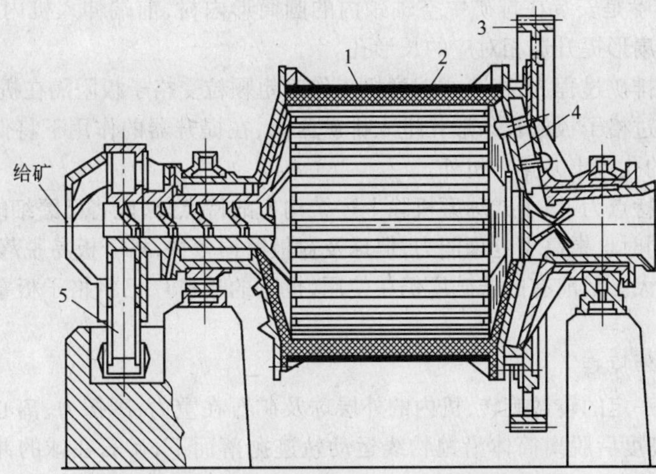

图 3-6 格子式球磨机

1—筒体;2—筒体衬板;3—大齿轮;4—排矿格子;5—给矿器

作业极为不利,为使已单体解离的矿物尽早从磨矿机中排出而做了如下改进:一是在球磨机排矿端增设格子板;二是装有矿浆提升器;三是配有便于矿浆排出的排矿嘴 。

(1)格子:格子是由数块用锰钢铸成的带有长方形孔的小块格子板组成,垂直安装在球磨机内的排矿端,格子与球磨机排矿端盖间有一定的距离,将球磨机分成较大的磨矿区间和较小的排矿区间,格子的作用是阻止粗颗粒通过格子板进入排矿区间。

(2)提升器:在格子板与排矿端盖间装有呈反射状的槽型提升器,又称簸箕型衬板。簸箕型衬板又将格子与排矿端盖间的排矿区间分成几个扇形室,提升器的作用是将低处矿浆提升到较高处。格子板、簸箕型衬板(提升器)及排矿端盖如图 3-7 所示。

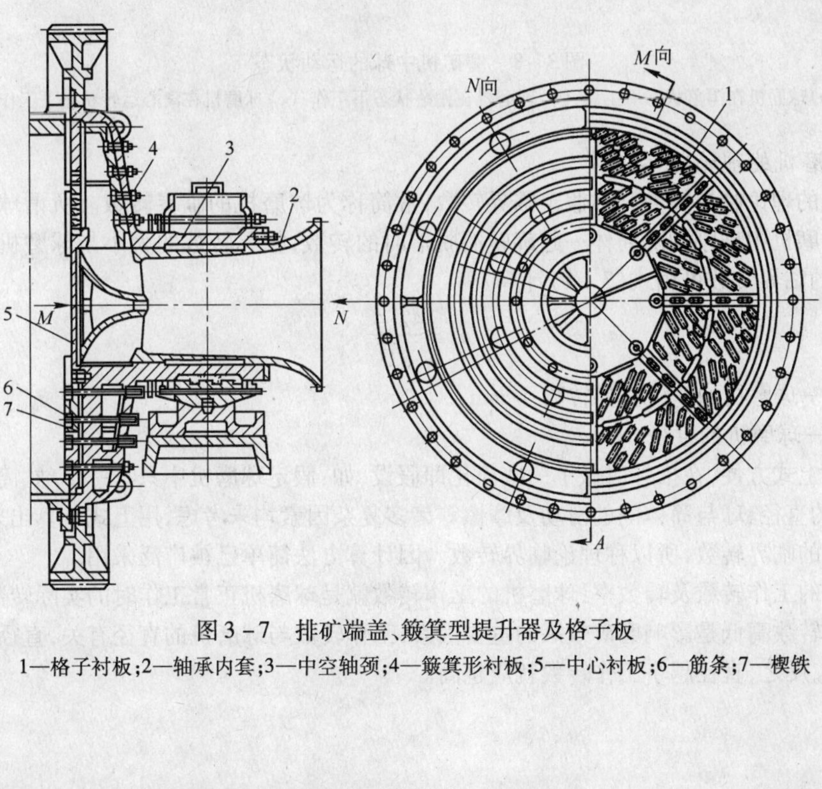

图 3-7 排矿端盖、簸箕型提升器及格子板

1—格子衬板;2—轴承内套;3—中空轴颈;4—簸箕形衬板;5—中心衬板;6—筋条;7—楔铁

(3)排矿嘴:排矿嘴是安装在排矿中空轴颈内的圆筒形内衬,前端伸入机内直达格子板处,在扇形区间段设有与扇形提升器相对应的长形孔。

格子式球磨机的排矿过程为:格子式球磨机工作时粗颗粒受格子板阻隔在机内继续被磨细,含细粒较多的矿浆通过格子板的长条形孔进入排矿区间,在提升器的作用下将低处矿浆提升至较高处,再从排矿嘴的孔流出并排出机外。

格子式球磨机的特点为:格子式球磨机除上述结构上的特点外,能将已磨细的矿浆迅速排出而减少了过磨现象,同时也提高了处理能力,但球及衬板磨损较快,格子板易脱落而故障较多,球磨机的振动及噪音较大。目前有的选矿厂仍在使用,也有的选矿厂已将格子板拿掉改装成溢流式球磨机。

B　球磨机的工作原理

球磨机工作时以一定的转数旋转,机内的外层球及矿石在重力、摩擦力、离心力的综合作用下,被提升到一定的高度后脱离筒体沿抛物线运动轨迹抛落而下,矿石在球的冲击作用下被粉碎;内层球及矿石因回转半径较小,所受到离心力小,被提升的高度较低,以泻落方式下滑,矿石在球下滑过程中在滑动摩擦及滚动摩擦的作用下被磨细,矿石在球磨机中受上述冲击及磨剥作用被磨细,使有用矿物与脉石,有用矿物与有用矿物单体解离。球在球磨机中基本运动状态如图3-8所示。

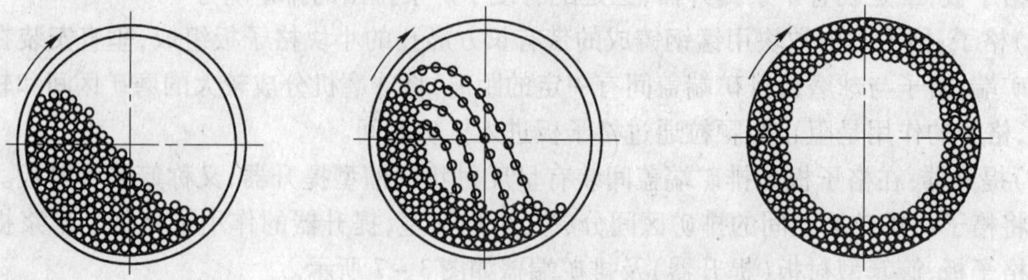

(a)　　(b)　　(c)

图3-8　磨矿机中球的运动状态

(a)球磨机在泻落状态下工作;(b)球磨机在抛落状态下工作;(c)球磨机在离心运转状态下工作

C　球磨机的理论临界转数

球磨机的理论临界转数又称假定临界转数,常简称为球磨机的临界转数。所谓球磨机的临界转数是球磨机中球刚刚随筒体一起旋转而脱落时的转数,临界转数的大小与球磨机的直径有关,球磨机的临界转数可用式(3-1)计算。

$$n_0 = \frac{42.4}{\sqrt{D}} \tag{3-1}$$

式中　n_0——球磨机的理论临界转数,r/min;

D——球磨机的直径,m。

为推导上式方便,在推导时做了一些简化即假设,如:假定球磨机中只有一个球、筒体及衬板的厚度、球的直径、球与筒体间的滑动及摩擦等诸多复杂因素均未考虑,用上式计算出来的结果,并非是真正的临界转数,所以称理论临界转数。因计算方法简单已被广泛采用。

球磨机的工作转数及转数率:球磨机的工作转数就是球磨机正常工作时的实际转数,实践中球磨机工作转数高低是影响磨矿效果的重要因素,工作转数与球磨机的直径有关,直径越大工作转数就越低,反之,直径越小工作转数就应越高。

实践中球磨机实际工作转数多低于理论临界转数，并获得了较好的工作效率。球磨机的转数率就是实际工作转数与理论临界转数的百分比。

球磨机的工作转数可在下列三种情况下选择。

(1)低转数磨矿：转数率 $<76\%$；

(2)高转数磨矿：转数率 $>88\%$；

(3)超临界转数磨矿：转数率 $>100\%$。

3.2.1.3 棒磨机

棒磨机以钢棒为磨矿介质，棒的直径为 50～100mm，长度比筒体短 25～50mm，筒体长度是直径的 1.5～2.0 倍，筒体形状只能为筒形，构造与筒形球磨机相同，棒磨机的磨矿粒度较粗，过磨现象较少，钢棒间产生类似筛分作用，产品粒度比较均匀，棒磨机主要用在重选厂做一段磨矿，也可做三段碎矿的最后一段开路作业。棒磨机结构如图 3－9 所示。

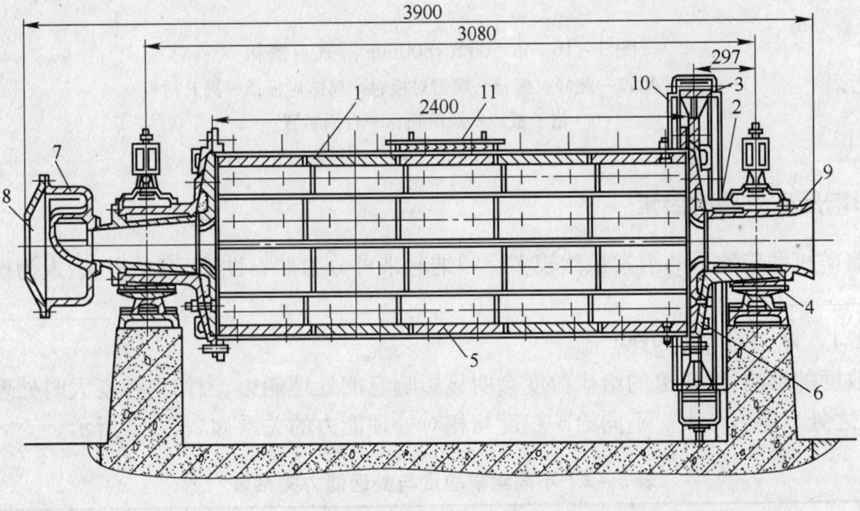

图 3－9 溢流型棒磨机

1—筒体；2—端盖；3—传动齿轮；4—主轴承；5—筒体衬板；6—端盖衬板；
7—给矿器；8—给矿口；9—排矿口；10—法兰盘；11—检修口

3.2.1.4 砾磨机

砾磨机以砾石为磨矿介质，砾石可采用碎矿或自磨机中高强度的难磨顽石，也可采用天然卵石，但因砾石密度较小冲击力较弱，磨矿效率低等原因，除对磨矿产品中含铁要求严格时采用外在金属矿选矿中很少采用。

3.2.1.5 自磨机

自磨机是利用大块矿石所产生的冲击力将矿石砸碎或磨细，因此称自磨机，也称无介质磨矿机。为便于大块矿石给入，自磨机的直径较大，最大可达 16 米，筒体长度较短，直径与筒体长度之比约为 3:1。原矿可直接或经粗碎后给入机内。为提高磨矿效果有时也可向自磨机中加入少量钢球即所谓半自磨。自磨机可分为干式自磨机和湿式自磨机两种，实践证明湿式自磨明显优于干式自磨。湿式自磨机如图 3－10 所示。

除上述磨矿机外，还有离心磨矿机、振动磨矿机、塔式磨矿机、喷射式磨矿机等多种不同型式、规格及原理的磨矿机。

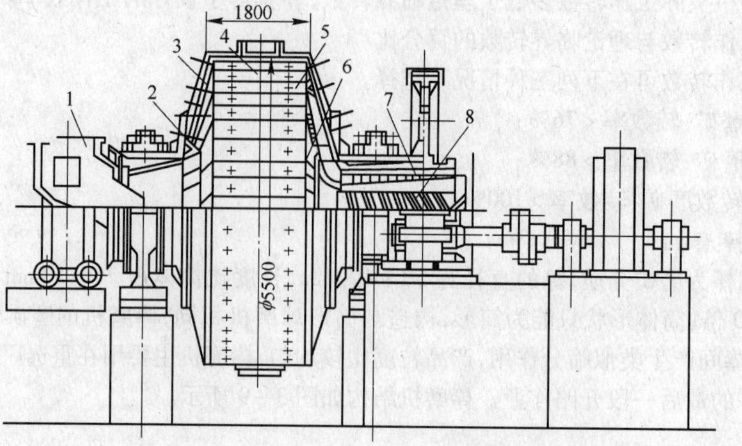

图 3-10　φ5500×1800mm 湿式自磨机

1—给矿小车;2—波峰衬板;3—端盖衬板;4—筒体衬板;5—提升衬板;
6—格子板;7—圆筒筛;8—自返装置

3.2.2　影响磨矿效果的因素

影响磨矿机磨矿效果的因素虽然较多但归纳起来可分为矿石性质、磨矿机械、人为操作三个方面。

3.2.2.1　*矿石性质的影响*

给矿粒度的影响:磨矿机的给矿粒度会明显影响它的处理能力,当给矿粒度大时处理能力就会降低,反之处理能力增大。不同给矿粒度与相对处理能力的关系如表 3-2 所示。

表 3-2　不同给矿粒度与处理能力关系表

给矿粒度/mm	0~20	0~16	0~20	0~30	0~40	0~48
相对处理能力/%	100	90	84	80	70	65

给矿粒度组成的影响:磨矿机的给矿是由各种不同粒度组成的混合物,其中各粒级的含量不尽相同。当细粒含量较多时处理能力较大,反之处理能力下降。

矿石硬度、脆性及解理等的影响:给入磨矿机中矿石硬度越低、越脆、解理越发达,有用矿物嵌布粒度越粗、越简单,处理能力越高,反之难以磨细,生产能力下降。

磨矿产品粒度的影响:在其他条件相同时,要求产品粒度越细所需磨矿时间较长或循环次数增多,处理能力下降,反之,处理能力就提高。

3.2.2.2　*磨矿机械的影响*

(1)磨矿机型的影响:溢流式磨矿机产品粒度均匀、设备故障少,但处理能力较低;格子式磨矿机处理能力较大,不易产生过磨,但磨损及故障较多;长筒型比短筒型磨矿细度细,但处理能力相应较低。

(2)磨矿机规格的影响:磨矿机的规格(直径)越大,磨矿介质被提升的高度越高,冲击力越大,有利于提高处理能力,规格小时则相反。

(3)衬板形状的影响:磨矿机衬板形状有多种形式,无论那种形状的衬板均需有利于将磨矿介质提升到较高的位置,下落时有较大的冲击力。实践中应根据需要自行选择。

3.2.2.3　操作因素的影响

(1)磨矿介质材质影响:常用的磨矿介质有铁球、钢球(棒)、稀土铁球,稀土铁球的磨矿效果较好,其次为钢球。

(2)磨矿介质直径及比例的影响:大球冲击力强有利破碎粗粒,小球以磨剥作用为主有利将矿石磨细,球径通常为40~150mm。此外,球径的大小还应与磨矿机的规格相适应。

各种不同球径的比例也是影响磨矿效果的重要因素之一,应根据磨矿机中矿石粒度的比例适当选择。

(3)磨矿介质装入量的影响:磨矿介质的加入量不宜过多或过少。球的充填率约为40%~50%为宜,棒的充填率为35%~45%。

磨矿介质的补加:磨矿机在磨矿过程中磨矿介质不断磨损,每班应按时按量按比例补加,否则将明显影响磨矿机的磨矿效率。

此外,磨矿浓度、磨矿机的转数、返砂比对磨矿作业均有较大影响。操作人员应按操作规程认真操作,在保证安全的条件下保质、保量地完成磨矿任务。

3.3　分级

分级是磨矿车间的重要作业之一,分级机常与磨矿机组成磨矿分级回路紧密配合,磨矿时不可能一次将原矿磨细到单体解离的程度,磨矿机的排矿中粗粒连生体较多,不能直接给到下一步选别作业,因此,必须采用适当的分级设备把粗粒连生体从矿浆中分离出来。此外,已单体解离的有用矿物经长时间的磨矿必然造成过磨,需将粗粒连生体与已单体解离的细粒相互分离,上述分级过程是在一定的分级设备进行的。常用的分级设备有螺旋分级机,水力旋流器及细筛等。

3.3.1　分级设备

3.3.1.1　螺旋分级机

螺旋分级机是利用旋转的螺旋在分级槽中将粗细不同的混合物分成粗、细不同的粒度级别,根据螺旋的个数分为单螺旋分级机和双螺旋分级机两种。根据螺旋在矿浆中浸没深度不同又可分为高堰式螺旋分级机,浸没式螺旋分级机和低堰式螺旋分级机三种。上述螺旋分级机除螺旋个数及螺旋在矿浆中浸入深度不同外,基本构造、工作过程、工作原理均相同。

A　高堰式双螺旋分级机

高堰式双螺旋分级机的两个螺旋在矿浆中的浸入深度较深,溢流堰较高,因此称为高堰式螺旋分级机。高堰式双螺旋分级机如图3-11所示。

a　高堰式双螺旋分级机的构造

高堰式双螺旋分级机主要由槽体,螺旋及传动轴、减速及传动装置,提升装置等几个主要部件组成。

(1)槽体:槽体是底部为弧形,下端封闭的铁槽,用以承受矿浆及螺旋,以12°~18°的倾角倾斜安装在基础上。

(2)螺旋及传动轴:在槽体内沿纵向有两个空心传动轴,在轴上沿轴向固定有呈放射状的辐条,在辐条上固定有数圈螺旋片,为防止螺旋磨损,在外缘用螺栓固定一些叶片,叶片磨损时可及时更换。

(3)减速及传动装置:在螺旋轴的上端装有一个伞齿轮,并且与另一个伞齿轮组成一对伞齿轮减速后由电动机带动做相向向上旋转。

(4)提升装置:提升装置由上部的传动装置,竖立的提升杆,下端的支承座组成。安装在螺

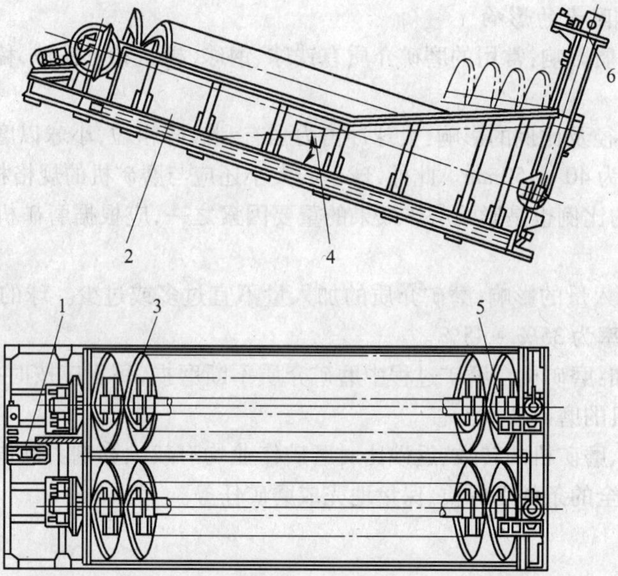

图3-11　高堰式双螺旋分级机

1—传动装置;2—斜槽;3—左右螺旋轴;4—进料口;
5—下部支座;6—提升机构

旋分级机内的溢流堰处。空心传动轴下端的小轴与提升杆下端连接,在上部传动装置的带动下使螺旋下端提起或放下。每个螺旋各有一个提升装置。

b　螺旋分级机的工作过程

螺旋分级机的末端浸没在矿浆中,待分级矿浆由设在槽体下端1/4~1/5处的给矿口给入槽中,在螺旋及放射状辐条的搅拌下保持悬浮,不同粒度的矿粒在矿浆中以不同的沉降速度沉降,沉降速度大的粗粒沉于槽底,在转动螺旋的作用下被输送至上端排出即返砂,返回磨矿机再磨,矿浆中悬浮的细粒由螺旋分级机末端的溢流堰排出,供选别作业进行选矿。

高堰式螺旋分级机的螺旋在矿浆中进入的深度较深,溢流堰的高度位于螺旋末端的轴与末端叶片上缘之间,沉降面积较大,矿液面比较平稳,常用于分离粒度为0.15mm左右的溢流产品,这类分级机是磨矿车间最常用的分级设备。

B　浸入式螺旋分级机

浸入式螺旋分级机的螺旋在矿浆中的浸入深度更深,螺旋末端的叶片有4~5圈全部浸入在矿浆中,由于浸入深度深,沉降面积大,螺旋及辐条对矿浆搅拌作用影响小,矿液面稳定,溢流产品粒度细,适于分离粒度小于0.15mm或更细的产品。返砂中含细粒较多,分级效率较低,常用在磨矿车间的细磨或第二段磨矿分级作业。

C　低堰式螺旋分级机

低堰式螺旋分级机的螺旋在矿浆中的浸入深度较浅,螺旋末端的浸入在轴以下,由于浸入深度浅,溢流堰较低,沉降面积较小,搅拌作用强,主要用于含泥量较多的矿石的洗矿或粗粒物料的脱水。

螺旋分级机槽内螺旋的个数主要依靠处理矿量而定,螺旋分级机常与磨矿机组成闭路配套使用,处理能力应与磨矿机相适应,当需要处理能力大时采用双螺旋,反之采用单螺旋即可。

D　影响螺旋分级机工作效率的因素

影响螺旋分级机工作效果的因素较多,归纳起来主要有矿石性质、螺旋分级机设备本身、人为操作三个方面。

(1) 矿石性质方面的影响。

1)矿石中含泥量多少及粒度组成的影响:当给矿中含泥及细粒较多时矿浆黏度较大,矿粒在矿浆中的沉降速度较慢,溢流产品中含粗粒较多,同时因黏度较大,返砂中含细粒也会增加,可见矿浆中含矿泥及细粒较多时对溢流产品及返砂均较为不利,即分级效率降低。为消除上述不利影响可向分级机或给矿中多加水,使矿浆浓度减小而降低黏度。

2)矿石密度及颗粒形状的影响。矿石的密度及颗粒形状主要影响矿粒的沉降速度,如密度小,形状呈片状的沉降速度较慢,进入溢流的机会较大,为此应降矿浆浓度,加速矿浆沉降,形状近似球形的颗粒沉降速度快,进入返砂的机会较大,分级浓度应大些。

3)矿石中金属矿物含量的影响。矿石中金属含量高时因金属矿物多而重返砂量增多,使螺旋向上运输返砂负担加重。

(2)分级设备的影响。

1)槽体倾斜角度的影响:槽体倾斜角度的大小影响矿液面即沉降面积的大小、螺旋及辐条对矿浆的搅拌强度、粗砂运输能力及分级效率等。当槽体的倾斜角度小时沉降面积大,搅拌强度弱矿液面稳定,粗砂向上运输容易,但返砂中含水及细粒较多,倾角大时与上述影响相反,安装时应对螺旋分级机倾斜角度充分考虑。

2)螺旋转数的影响:螺旋转数主要影响对矿浆的搅拌强度及粗砂的输送速度,螺旋的转数越快对矿浆的搅拌强度就越强,从而影响矿粒的沉降,同时粗砂向上运输速度较快,使夹杂在粗砂中的细粒没有充分的离析时间而进入返砂。

(3)人为操作因素的影响。

1)给矿量及均匀度的影响:给入分级机的矿浆量较大时,矿浆在槽体中的流速加快,溢流易跑粗,给入量少时影响处理能力,使设备效率不能充分发挥,矿浆的给入量应保持适当均匀。

2)矿浆浓度的影响:分级矿浆的浓度对分级效果有直接影响,实践操作中可以通过调整矿浆浓度的办法达到满意的溢流浓度及细度,矿浆浓度的大小主要影响矿浆的黏度、矿粒的沉降速度、矿粒沉降过程中受干扰的程度等,矿浆浓度大时,因上述原因粗粒尚未沉降即随溢流流出,浓度小时溢流可变细,但不得过小,如果浓度过小,矿浆体积增大,在槽内的水平流速加快,粗粒尚未沉降就被较快的水平流带出成为溢流产品,结果溢流也会跑粗。可见矿浆浓度对分级效果有重要影响,操作人员可适当掌握矿浆浓度来控制溢流的浓度及细度。

3.3.1.2 水力旋流器

水力旋流器是利用一定的压力将矿浆沿切线方向给入,使之旋转,矿浆在离心力的作用下加速向旋流器内壁处沉积,离心力强化了分级过程并获得了非常令人满意的效果。目前在选矿厂已广泛应用。

A 水力旋流器的构造

水力旋流器的构造比较简单,主要由上部筒体、下部筒体、给矿管、溢流管、沉砂嘴等组成。水力旋流器的构造如图 3-12 所示。

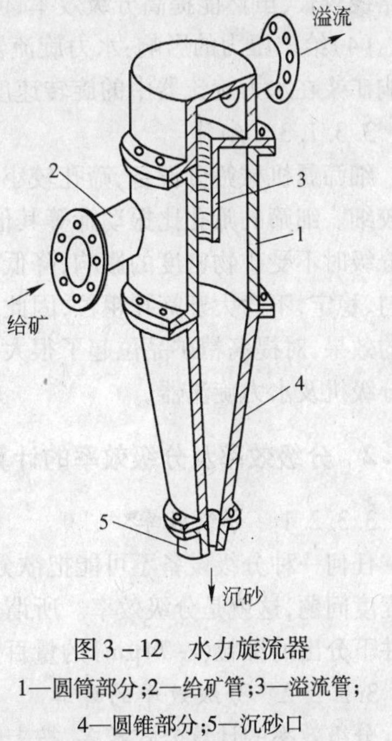

图 3-12 水力旋流器

1—圆筒部分;2—给矿管;3—溢流管;4—圆锥部分;5—沉砂口

水力旋流器的筒体分上、下两部分组成,上部筒体呈圆筒形，下部筒体为15°～20°锥角的圆锥体，两筒体用螺栓固定在一起。

在上部圆筒形筒体上沿切线方向有一个给矿管，在中心处引出一个溢流管，该管除能排出溢流外还可以防止矿浆短路，在锥体的下部有一沉砂口，为防止磨损，在沉砂口处用螺栓固定一个沉砂嘴。水力旋流器可用铸铁或铸钢等铸成。

B　水力旋流器的工作过程及工作原理

待分级的矿浆用砂泵以 $0.5 \times 10^5 \sim 3 \times 10^5$ Pa 的压力沿切线方向的给矿管给入，水力旋流器内的矿浆以一定的速度旋转，不同粒度的矿粒在旋转过程中产生的离心力不同，粗颗粒产生的离心力较大，沿筒体内壁由上而下沿螺旋线运动轨迹向下运动，最后由沉砂口排出，细颗粒产生的离心力较小，在筒体内由下而上经溢流管排出。矿浆经上述过程在水力旋流器内被分成粗、细两个不同的粒度级别并分别排出。

C　水力旋流器的特点及应用

水力旋流器是在离心力场中工作的分级设备，离心力强化了分级过程，因此，分级效率较高。此外，构造简单，占地面积小，处理能力大，目前得到了广泛应用。甚至取代了机械分级机，水力旋流器除用于分级外也可用以脱水、脱泥。它的唯一不足就是磨损非常严重，特别是排矿口的磨损更为突出，磨损后排矿口增大，压力下降而影响分级效果，为此不得不经常更换沉砂嘴。

D　影响水力旋流器的工作因素

影响水力旋流器的工作因素主要有水力旋流器的结构参数及操作因素两个方面。

(1)水力旋流器直径的影响：水力旋流器的直径取决于待分级物料的粒度及组成，当物料的粒度较大时应采用直径较大的水力旋流器，物料粒度较小时则相反。目前我国选矿厂应用最多的是直径在75～1000mm 的水力旋流器。

(2)水力旋流器给矿口尺寸、溢流口尺寸、排矿口尺寸的影响：上述三个尺寸的大小会直接影响水力旋流器的工作压力。

(3)锥角大小的影响：锥角大小主要影响矿浆的运动阻力及处理能力，当锥角小时矿浆的运行路线较长，虽然能提高分级效率，但锥体高度增加同时又增加磨损。

(4)给矿压力的影响：水力旋流器的给矿压力是影响分级效果的重要人为因素，压力会明显影响矿浆在水力旋流器中的旋转速度，进而影响离心力的大小。

3.3.1.3　细筛

细筛属机械筛分设备，筛孔较小，用筛孔尺寸严格控制筛下产物的粒度，因此筛下产物的粒度较细。细筛的筛孔比振动筛等其他筛分机械的筛孔小得多，常与磨矿及选别作业相配合，用细筛分级时不受矿物密度的影响，降低了重矿物进入返砂的机会而减少过磨现象。筛下物的粒度均匀、稳定，不含大于筛孔粗粒，因此，湿式细筛与磨矿机组成闭路作业日益受到重视并取得了较好的效果，对提高精矿品位起了很大作用。目前有的选矿厂在磨矿分级作业中用细筛取代了螺旋分级机及水力旋流器。

3.3.2　分级效率及分级效率的计算

3.3.2.1　分级效率

任何一种分级设备不可能把欲分离颗粒全部分离出来，因此在分级过程中就存在分级的完善程度问题，这就是分级效率。所谓分级效率就是分级溢流中有效分出的细粒（$-74\mu m$）与理想条件下分出的细粒（$-74\mu m$）的量百分比。

3.3.2.2　分级效率的计算

分级效率的计算公式较多，按上述定义推导出来的常用分级效率计算公式如式(3-2)。

$$E=\frac{(\alpha-\theta)(\beta-\alpha)}{\alpha(\beta-\theta)(100-\alpha)}\times 10^4\% \qquad (3-2)$$

式中 E——分级效率，%；

α——给矿中 -74μm 含量，%；

β——溢流中 -74μm 含量，%；

θ——返砂中 -74μm 含量，%。

用式(3-2)计算分级效率时，首先对给矿、溢流、返砂或筛上物分别采取有代表的矿样，然后用 74μm 筛子筛至终点，再分别计算 -74μm 的含量百分数，最后代入式(3-2)计算。

3.4 磨矿分级流程

选矿厂的磨矿车间由磨矿和分级两个作业密切配合而把矿石磨细，将合格的细粒分离出来供下一步选别作业进行选矿，不合格的粗粒返回磨矿机再磨，矿石经上述磨矿和分级的过程就是磨矿分级流程。

3.4.1 一段磨矿分级流程

选矿厂磨矿车间常用的一段磨矿分级流程如图 3-13 所示。

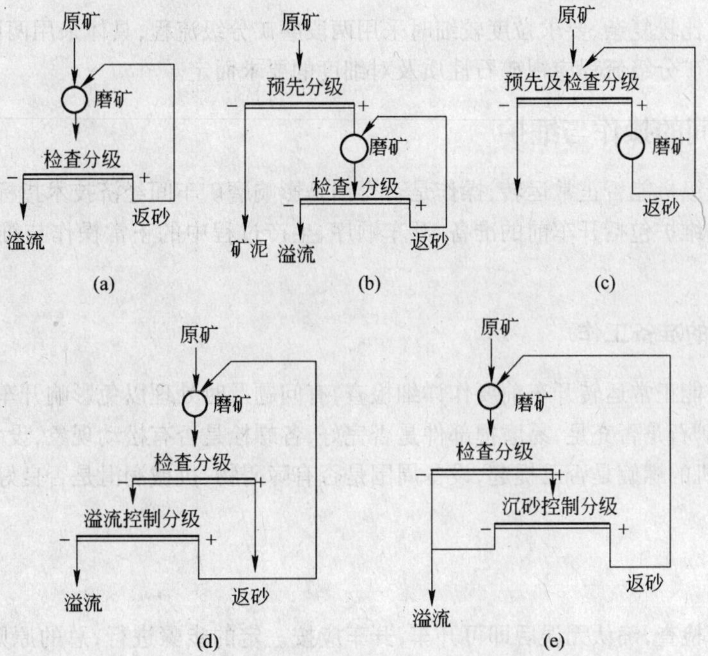

图 3-13 一段磨矿流程图例举

(a)检查分级；(b)，(c)预先检查分级；(d)，(e)控制分级

在选矿实践中一段开路磨矿流程很少采用，一段闭路磨矿分级流程是比较常用的一种。当有用矿物呈粗粒均匀嵌布时多采用一段闭路磨矿分级流程，其中带检查分级的磨矿分级流程是最常用的流程形式之一，在多数情况下原矿经磨矿后再给入分级机中进行分级（见图 3-13 a）；当原矿中含细粒较多时可将原矿首先给入分级机中进行预先分级（见图 3-13c）。将分级机的溢流再次进行分级，可得到更细的溢流，经两次分级可有效控制溢流的细度因此称控制分级（见

图 3－13d)。

3.4.2　两段磨矿分级流程

随着粗、细不均嵌布及细粒难选矿的不断增多,在某些情况下,一段磨矿分级流程已很难充分发挥作用而采用两段磨矿分级流程,常见的两段磨矿分级流程如图 3－14 所示。

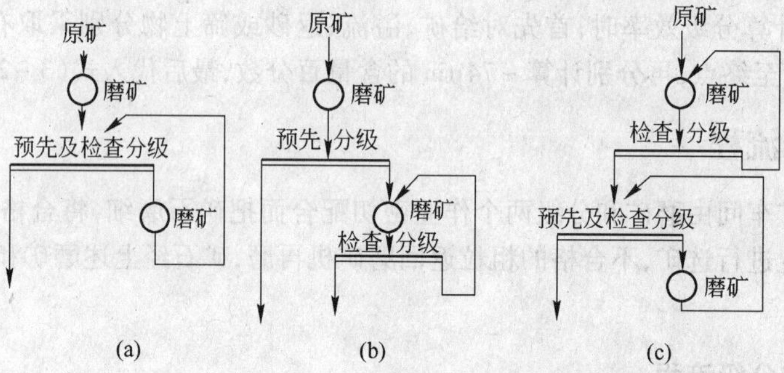

图 3－14　两段磨矿分级流程图

(a),(b)两段一闭路磨矿分级流程;(c)两段两闭路磨矿分级流程

当矿石性质比较复杂、要求粒度较细时采用两段磨矿分级流程,具体采用两段一闭路还是采用两段两闭路磨矿分级流程应视矿石性质及对细度的要求而定。

3.5　磨矿车间的操作与维护

磨矿机及分级机能否正常运转,操作是否得当是影响磨矿车间经济技术指标的重要因素,磨矿车间的操作与维护包括开车前的准备、开车顺序、生产过程中的正常操作与维护,停车四部分内容。

3.5.1　开车前的准备工作

为保证设备能正常运转开车前要作详细检查,有问题及时处理以免影响开车,开车前应检查的主要内容有:矿石是否充足,易磨损部件是否完好,各螺栓是否有松动现象,设备是否有漏矿浆现象,螺旋分级机的螺旋是否已提起,设备周围是否有障碍物,机械润滑是否良好,电气设备是否安全等。

3.5.2　开车

开车前认真检查,确认无误后即可开车,开车应按一定的步骤进行,总的原则是从最后一个环节开始逐渐依次向前进行。具体过程如下:

首先,启动螺旋分级机提升装置的传动装置将已提起的螺旋末端落至正常位置,然后启动螺旋分级机,对运转设备给油润滑,再启动磨矿机,待达到正常工作转数后再向磨矿机内给矿,进入正常工作状态。

3.5.3　正常操作与维护

磨矿分级作业正常操作的主要内容有:及时按规定向球磨机中补加球,按时测定并记录磨矿机的给矿量,注意机械声音及振动情况,保证机械润滑良好及电动机温度正常,及时调整加水量保证磨矿、分级浓度并按规定测定浓度、返砂量等。正常操作时要做到勤检查、勤调整、勤联系、注意观察。在正常作业期间所发现的问题及时做好记录，以便停车时维护及修理。

3.5.4　停车

停车顺序总的原则是先从作业的最先部分依次向后停车。首先，磨矿机停止给矿，当磨矿机、分级机中的矿石基本处理完之后，停磨矿机及分级机并停止润滑，然后将螺旋分级机末端用提升装置提起，停车后应对易磨部件作详细检查，必要时及时更换。

4 浮游选矿

4.1 概述

4.1.1 浮游选矿

浮游选矿是分离矿物的一种主要方法，是利用被分离矿物被水润湿的性质不同，一般是使疏水性的矿物富集在气－液界面或油－水界面上，而亲水性的矿物留在水中。浮游选矿在冶金、医学、化工、农业、生物和环保等方面，都有应用。

4.1.2 浮游选矿的发展

浮游选矿的发展经历了以下基本阶段。

(1)表层浮选阶段：表层浮选即是将磨矿干粉轻轻撒在流动的水流表面，疏水性矿物不易被润湿而漂浮在水面上，聚集成薄层，成为精矿，易被水润湿的亲水性矿物则下沉，从而达到分离。因其是在水与空气界面上分选矿物，所以称为表层浮选。

(2)全油浮选阶段：全油浮选是将磨细的矿石与大量的油(可以多至矿石重量的20%)一起搅拌，疏水亲油的矿粒，穿过油－水界面混入油中，形成相对密度小于1的集合体，浮游于矿浆表面，再设法将它与矿浆中的亲水性矿粒分离。

(3)泡沫浮选阶段：泡沫浮选是现代浮选的主要方法，具体做法是将一定品种和数量的药剂，加入磨好的矿浆中，使疏水性的矿粒选择性地富集在气泡的表面上。黏着矿粒的气泡，由于聚合体的密度比矿浆小，能从矿浆中浮起，在矿浆表面形成泡沫层；而亲水性的矿粒仍然停留在矿浆中。只要将泡沫与矿浆分离，就能使疏水性的矿粒与亲水性的矿粒分离。

4.1.3 浮游选矿的工艺过程

A 选前的准备作业

准备工作包括磨矿、分级、调浆、加药、搅拌等。主要是要得到粒度、浓度等符合选别要求的矿浆。

B 搅拌充气及气泡的矿化

空气通过一定方式吸入或压入，经与浮选药剂作用后，表面疏水性矿粒能黏附在尺寸合适且稳定的气泡上，而亲水性的矿粒仍然停留在矿浆中。

C 精矿的获得

黏附在气泡上的疏水性矿粒，以气泡为载体，逐渐升浮至矿浆面形成矿化泡沫，浮选机转动的刮板将它刮出，即精矿产品，留在槽中的称做尾矿。

4.2 浮选的基本原理

4.2.1 矿物、水和空气的性质

4.2.1.1 浮选的气相

浮选的气相一般是指空气。空气的重量约为同体积水的八百分之一，空气泡在水中有良好

的浮力,可将附着的矿粒从矿浆深处运到矿浆表面。空气、氮气或其他气体对浮选液相和固相是能够发生物理-化学作用的,从多方面影响浮选过程。

空气中的氧,化学性质活泼,能够使硫化矿物和药剂受到氧化。

空气中的氮气,由于化学性质不活泼,故在浮选理论研究中,为了避免氧气、二氧化碳对浮选的影响,常常用高纯氮代替空气。近年来,一些选厂为了减少铜-钼混合精矿分离过程中硫化钠的消耗,已经在工业中使用氮气代替空气,浮选机也相应改成封闭式的。

4.2.1.2 浮选的液相

浮选的液相,一般是稀的水溶液,其主要成分是水,还含有少量的矿物成分和浮选药剂。

A 水的组成

水(H_2O)是由二氢一氧组成,氢和氧的结合方式如图4-1所示。由于H、O各位于分子的一端,负电荷的重心在氧原子一端,正电荷的重心在氢原子一端,使整个水分子的电性不平衡,所以可把水分子看成一个偶极子(图4-1b)。

正因为水是偶极子,水分子间由于异极的相互吸引,再加上氢键的作用,经常产生缔合,液态水中除了最简单的 H_2O 分子外,还存在$(H_2O)_2$、$(H_2O)_3$、$(H_2O)_4$。水分子具有偶极性,是它对于许多盐类和浮选药剂具有很强的溶解能力和它对绝大部分矿物具有润湿能力的内因,是现代用电场和磁场处理选矿矿浆的物质基础。

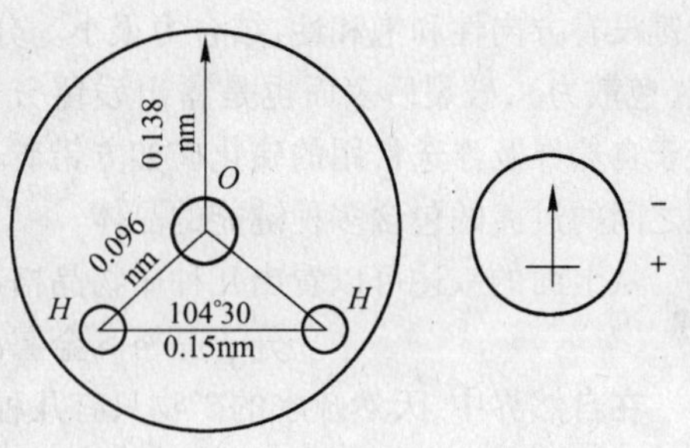

(a) (b)

图4-1 水分子示意图

(a)水分子中H、O的相对位置;(b)水偶极示意

B 水中的离子

液体水中的水分子发生定向重排,造成分子缔合时,也有一些分子发生破裂,结果生成H^+、OH^-。它们以$(aH_2O\cdot H)^+$和$(bH_2O\cdot OH)^-$的形式存在。

为了节约用水和减少对环境的污染,选矿厂常常使用矿坑水和尾矿坝的水(称为回水)。这些水中,一般都含有矿石中的阴、阳离子。如在有色金属矿山的废水中,常含有Cu^{2+}、Pb^{2+}、Zn^{2+}、SO_4^{2-}等离子。选矿厂的废水中,普遍含有捕收剂、起泡剂及某些调整剂。为了使废水中的离子不扰乱正常的选矿过程,必须对回水进行定期的或有针对性的分析,了解废水离子组成及其循环情况,适当减少难分解、易积累的松醇油等药剂的用量,保持浮选矿浆中正常的离子浓度,以免影响浮选指标。

4.2.1.3 浮选的固相

浮选的固相是浮选所要分离的矿物。矿物的亲水性和可浮性,是由矿粒浮选前表面的性质决定的。而矿粒浮选前表面的性质,首先与其本身的化学组成、键的类型和晶格结构有关,其次还和矿浆的化学成分有关。破碎的矿物其断裂面存在不饱和键和键能,使矿物表面呈现出一定程度的极性,极性的水分子会定向吸附于极性的矿物表面,使矿物表面的不饱和键和键能得到一定的补偿,并使整个体系的表面自由能降到最低。

A 矿物的晶格类型与其亲水性

自然界的矿物多达3300余种,主要矿物晶格可分为离子晶格、共价晶格、金属晶格和分子晶格。

(1)离子晶格。属于此类的矿物有萤石(CaF_2)、方解石($CaCO_3$)、白铅矿($PbCO_3$)、铅矾($PbSO_4$)、白钨矿($CaWO_4$)、孔雀石[$CuCO_3Cu(OH)_2$]、闪锌矿(ZnS)、锆英石($ZrSiO_4$)和岩盐(NaCl)等。晶格质点之间,靠静电力互相吸引,晶格破裂后,留下未饱和的残留键。这种键在水中容易受水偶极电场的作用,所以亲水且易溶于水中。

(2)共价晶格。典型的例子是金刚石,一般是共价键带有弱的极性键,如石英(SiO_2)、金红石(TiO_2)、锡石(SnO_2)等。相邻的两个原子靠共享一对电子连接起来,共有的电子对只能在某一方向互相结合,所以共价键有一定的方向性和饱和性,结合力比较强。具有共价晶格的矿物破裂后,表面露出残留共价键,它和水偶极的作用力较强,亲水性较大。

(3)金属晶格。自然金属如自然铜属此类。金属键没有方向性和饱和性,结合力也比较强。一般金属晶格的矿物,破裂后表面露出残留的金属键,和水偶极的作用力很小,常有较好的疏水性。

(4)分子晶格。菱形硫中的硫分子与硫分子间是靠分子间力联系的,但每个硫分子由8个硫原子组成,硫原子与硫原子间是共价键。石墨、辉钼矿的层状结构中层与层间也是分子键。分子键没有方向性和饱和性,结合力很小。分子晶格的矿物和水偶极之间,往往只有微弱的分散效应(色散力),破裂后表面也是露出残留分子键,和水的亲力极小,是疏水的,具有天然可浮性。至于自然界及浮选常用的硫化矿如方铅矿、黄铁矿等具有半导体性,是介于离子键、共价键、金属键之间的过渡的包含多种键能的晶体。

从上面的叙述可以看出几种矿物晶格与可浮性的关系大致如下:

分子晶格 > 金属晶格 > 共价晶格 > 离子晶格

在自然界中,天然疏水的矿物只有几种,如石蜡、石墨、硫黄、辉钼矿、辉锑矿、滑石和叶蜡石。一般自然金属和重金属硫化矿物疏水性中等。各种金属氧化矿物、非金属氧化矿物、硅酸盐和可溶盐类矿物,亲水性都很强。

B 实际晶格的异常现象与矿物表面的不均匀性

天然矿物的结晶,往往不像结晶学所描述的晶体那么纯净与完整。常常存在着各种晶格缺陷和表面不均匀性。使同种矿物的浮选性质,因产地或矿床部位不同,差别很大。

矿物在矿床内或在采运过程中,表面有时受到不同程度的氧化或污染。易浮的石墨或辉钼矿,表面氧化后可浮性变坏。产自铜矿床中二次富集带中的硫化铁,表面会因盖上一层辉铜矿薄膜而可浮性大大增加。

在磨矿过程中,颗粒受力的位置和破裂形态不同,也能造成各个颗粒可浮性的差异。矿粒边棱或突出部位,晶格力场相对地不够饱和,残留键力强,形成与药剂作用的活性中心。表面活性中心多的矿粒与浮选剂容易发生作用。此外,扁平的自然金属一般比圆粒状的容易浮游。

4.2.2 矿粒吸附在气泡上的机理

4.2.2.1 矿物表面的润湿性与可浮性

A 润湿现象

通常把水在矿物表面上展开和不展开的现象称为润湿和不润湿现象。易被水润湿的矿物称做亲水性矿物,不易被水润湿的矿物称做疏水性矿物。例如石英、云母很易被水润湿,而石墨、辉钼矿等不易被水润湿。

图4-2是水滴和气泡在不同矿物表面的铺展情况。图中矿物的上方是空气中水滴在矿物表面的铺展情况,从左至右,随着矿物亲水程度的减弱,水滴越来越难以铺开而成为球形;图中矿物下方是水中气泡在矿物表面附着的形式,气泡的形状正好与水滴的形状相反,则从右到左,随着矿物表面亲水性的增强,气泡变为球形。

水和气泡在矿物表面的不同表现,可概述为:亲水矿物疏气,而疏水矿物则亲气。

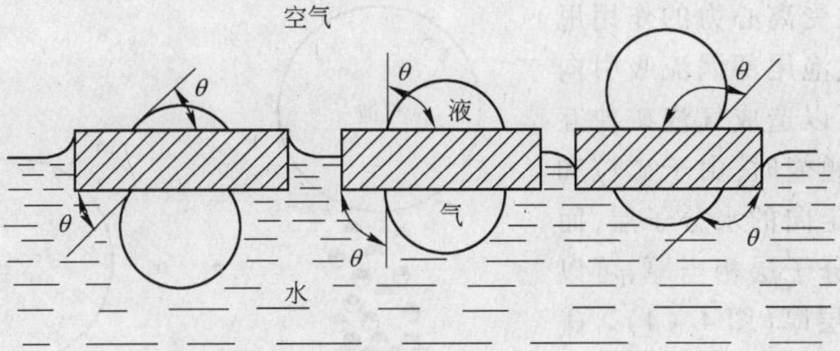

图 4-2 矿物表面的润湿现象

B 接触角与可浮性

矿物表面的亲水或疏水程度,常用接触角 θ 来度量。在液体所接触的固体(矿物)表面与气体(气泡、空气)的分界点处,沿液滴或气泡表面作切线,则此切线在液体一方的,与固体表面的夹角称为"接触角"(如图 4-2 所示)。

亲水性矿物接触角小,比较难浮;疏水性矿物接触角大,比较易浮。前人已对许多不同类型的矿物进行过接触角的测定,现选择若干个测定值列于表 4-1。

表 4-1 接触角测定值举例

矿物名称	接触角度/(°)	矿物名称	接触角度/(°)
硫	78	黄铁矿	30
滑 石	64	重晶石	30
辉钼矿	60	方解石	20
方铅矿	47	石灰石	0~10
闪锌矿	46	石英	0~4
萤 石	41	云母	0

4.2.2.2 气泡的矿化过程

浮选时,矿浆中的疏水性矿粒,必须被黏附在气泡上,跟着气泡上浮。气泡逐渐黏附矿粒的过程称为气泡矿化。气泡在矿浆中矿化,原则上有两条途径:一是气泡直接在矿粒表面析出;二是矿粒和气泡碰撞。也可能由这两条途径相结合形成第三条途径。

以机械搅拌式浮选机为例,气泡在矿粒表面析出的过程:空气进入机械搅拌式浮选机内以后,和矿浆混合,流到叶轮叶片的前方。由于叶轮转动,其叶片拨动矿浆和空气的混合物,力图将其甩入叶轮周围的矿浆中。而矿浆空气混合物,受到叶轮外部静水压力的阻拦,必须受到比静水压力更大的压强才能排出。此时叶轮前方的气体因受压而部分溶解。这种溶解有空气的矿浆,从叶片上方或边缘翻入叶片后方,进入刚被排走矿浆的外压较低的空间,因为外压降低,被溶解的空气在疏水性的矿粒表面析出(图 4-3)。

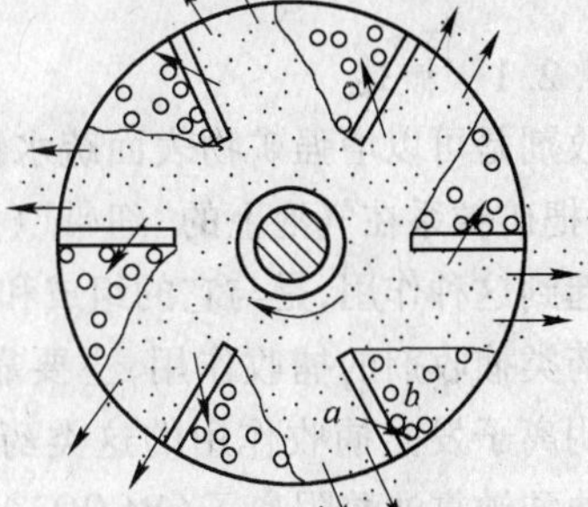

图 4-3 空气在矿浆中有溶解和析出部位图
矩形长框—叶轮的叶片;a—空气受压区;
b—空气析出区

矿粒与气泡碰撞的途径很多。例如矿粒下

降气泡上升，矿粒受离心力的作用甩向气泡，矿粒被气泡尾部涡流吸引向气泡移动等，都可以造成气泡矿粒互相碰撞或接触。碰撞时，由于矿粒和气泡表面通常有定向的水分子层，而且矿粒表面的水分子层相当厚，可以达到多个水分子层厚（图4－4）。碰撞时，必须将这种定向水分子层挤出去，只剩下残留水化膜，才能形成一定的接触角，使矿粒附着在气泡上。矿粒疏水性越好，水化层越薄，则矿化时间越短。

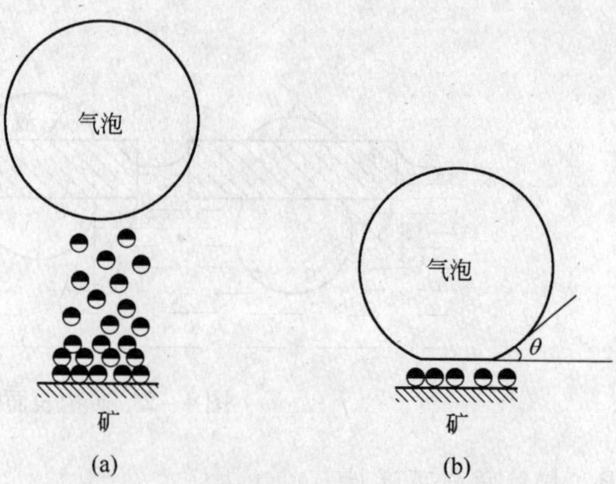

图4－4　矿粒－气泡附着前后水化层的变化

(a)接触前水化层厚；(b)附着后只剩下残留水化薄膜

4.3　浮选药剂

4.3.1　浮选药剂的作用及分类

浮选过程中，都要添加一些药剂，使浮选过程按照一定的方向进行。浮选时常用的药剂及其主要作用如下。

（1）捕收剂：用以增强矿物的疏水性和可浮性的药剂。

（2）起泡剂：用以提高气泡的稳定性和寿命的药剂。

（3）抑制剂：用以增大矿物的亲水性、降低矿物可浮性的药剂。

（4）活化剂：用以促进矿物和捕收剂的作用或者消除抑制作用的药剂。

（5）pH调整剂：用以调节矿浆酸碱度的药剂。

（6）分散剂：用以分散细泥的药剂。

（7）絮凝剂：用以促进细泥絮凝的药剂。

后面五类药剂可以统称为调整剂。必须指出，药剂的分类是就浮选药剂在具体的条件下发生的作用而言的。某些药剂的功能往往随使用的具体条件而变。像硫化钠，用量少时，是铜、铅氧化矿物的活化剂；用量大时，就可以变为它们的抑制剂。

4.3.2　捕收剂

4.3.2.1　概述

捕收剂是可以增强矿物表面疏水性的药剂。在浮选过程中，它是把矿粒系在气泡上的“纽带”（见图4－5）。捕收剂之所以能起到这种作用，是与它的组成和结构不可分割的。

黄药类捕收剂的捕收作用，主要靠阴离子 $ROCSS^-$ 产生。凡是靠阴离子发生捕收作用的这类药剂，都称做阴离子捕收剂。如油酸钠靠油酸阴离子（$RCOO^-$）产生捕收作用，所以它是阴离子捕收剂。

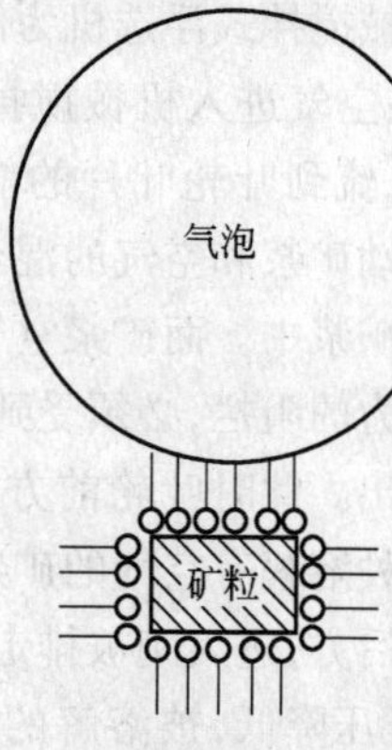

图4－5　捕收剂的“纽带”作用

（火柴棒状者为捕收剂）

阴离子捕收剂的阴离子，都包括疏水基和亲固基。亲固基是和固相（矿物）直接发生作用的原子团，必须和固相有一定的亲和力，整个捕收剂阴离子，就通过它吸附在矿物表面上。疏水基是在水中有被水排挤出去的倾向的原子团，是阴离子中疏水亲气的原子团，是捕收剂起疏水作用的物质基础。被捕收剂作用后的矿粒，表面好像长满了“捕收剂毛”。

4.3.2.2 捕收剂的类别

捕收剂都有疏水性的非极性基。至于有无极性基或什么样的极性基就很不相同。根据极性基的差异可将常见的捕收剂及其相互关系用表 4-2 表示。

表 4-2 常用捕收剂的分类及用途

- 捕收剂
  - 离子型
    - 阴离子型
      - 硫氢基捕收剂（捕收自然金属及金属硫化物）
        - 黄药类（ROCSSM）
        - 黑药类$(RO)_2PSSM$
        - 硫氮类(R_2NCSSM)
        - 硫醇类（RSH）
      - 含氧酸捕收剂
        - 羧酸类（RCOOM）、磺酸类(RSO_3M)、硫酸类$(ROSO_3M)$：捕收各种金属氧化矿及可溶盐类矿物
        - 胂酸类$(RA_5O_3H_2)$、膦酸类$(R_2PO_4H_2)$：捕收钨锡及稀有金属矿物
        - 氧肟酸类〔R(OH)CONHOM〕、羟肟酸类〔RC(OH)NOM〕：捕收氧化铜矿物
    - 阳离子型（捕收硅酸盐、碳酸盐及可溶盐类矿物）
      - 伯胺类(RNH_2)
      - 醚胺类$[RO(CH_2)_3NH_2]$
  - 非离子型
    - 烃油类(C_nH_{2n+2})：捕收非极性矿物及辅助捕收剂
    - 硫氨酯类（ROCSNHR′）、硫氮腈酯类（R_2NCSSR′CN）：捕收金属硫化矿物
    - 双硫化物类$(ROCSS)_2$：捕收沉淀金属粉末及硫化矿物

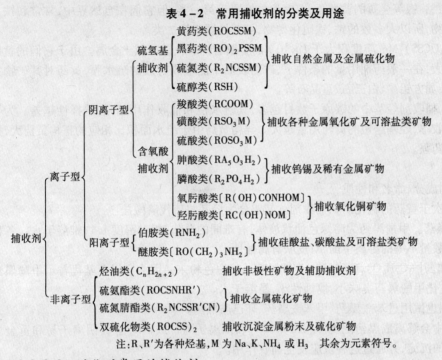

注：R、R′为各种烃基，M 为 Na、K、NH_4 或 H_3 其余为元素符号。

4.3.2.3 硫化矿常用的捕收剂

A 黄药

黄药是浮选重金属硫化矿物和自然金属矿物最重要的捕收剂。

a 黄药的成分

黄药又称为烃基黄原酸盐，在通式 ROCSSMe 中，R 通常为烷基 C_nH_{2n+1}—，$n=2\sim5$，个别的 $n=8$，Me 为 Na 或 K，国产工业品多为 Na。黄药全名为 X 基黄原酸钠（钾），我国目前简称为 X 黄药。如：

乙黄药　$C_2H_5OCSSNa$

丁黄药　$C_4H_9OCSSNa$

b 黄药的性质

黄药为黄色固体粉末，有的压成粉笔状。新鲜的丁黄药颜色比乙黄药深。黄药易燃，有臭味，它分解出的挥发性气体(CS_2)对神经系统有害，应注意防护。

黄药受潮可分解成 CS_2、ROH、NaOH、Na_2CO_3、Na_2CS_3（三硫代碳酸钠）。

黄药溶液在空气中能缓慢地氧化生成双黄药。

黄药易溶于水，其水溶液呈弱碱性。矿浆中 OH^- 浓度适当，可以产生较多的有效离子，使黄药充分发挥作用 。在酸性介质中，使用黄药容易失效。

黄药阴离子能与贵金属和重金属离子作用，生成金属黄原酸盐的沉淀，如：

$$2ROCSS^- + Cu^{2+} \longrightarrow (ROCSS)_2Cu\downarrow$$

黄药对各种矿物的捕收能力和选择性，与其金属盐的溶解度有非常密切的关系。按乙黄药金属盐溶度积的大小和实际浮选情况，可把浮选中常遇到的金属分为三类：

(1) $(C_2H_5OCSS)_nMe$，溶度积小于 4.5×10^{-11} 的金属有金、银、汞、铜、铅、镉、铋。黄药对它们的自然金属和硫化矿物捕收力最强。如自然金、辉铜矿、方铅矿等。

(2) $(C_2H_5OCSS)_nMe$，溶度积在 $4.9\times10^{-9}\sim7\times10^{-2}$ 之间的金属有锌、铁、锰等。黄药对它们的金属硫化矿物有一定的捕收能力，但比较弱，如黄铁矿。

必须指出，钴、镍等金属的黄酸盐，溶度积虽然属于第一类，但它们在自然界中，常常和铁一起组成硫化矿物，所以大多数的钴、镍硫化矿物，可浮性属于第二类。

(3) $(C_2H_5OCSS)_nMe$，溶度积大于 1×10^{-2} 的金属有钙、镁、钡等碱土金属。由于它们的黄原酸盐溶解度太大，在一般药剂用量的条件下，矿物表面不能形成有效的疏水膜，黄药对其矿物完全无捕收作用，如方铅矿、白云石、重晶石等。

综上所述，捕收剂烃基中的碳原子数目越多，其疏水性和捕收作用越强，选择性越差。为了获得一定的回收率，烃基越短的黄药用量越大。异构黄药由于疏水面积比相应的正构黄药大，捕收力比正构黄药强。

B　黑药

a　黑药的成分、命名和性质

黑药是仅次于黄药的硫化矿物捕收剂。其成分为烃基二硫代磷酸盐。

(1) 甲酚黑药。甲酚黑药为暗绿色油状液体，有难闻的臭味，相对密度 1.1，难溶于水。各种甲酚黑药都有数量不等的游离甲酚，对皮肤有腐蚀性。

(2) 丁铵黑药 $[(C_4H_9O)_2PSSNH_4]$ 丁铵黑药是暗白色粉末。因为它以丁基代替了甲酚黑药的甲酚基，故它比甲酚黑药臭味小，腐蚀性小，易溶于水。

此外，我国也试用过苯胺黑药、甲苯铵黑药、环己胺黑药。

黑药在水中会解离成黑药阴离子 $(RO)_2PSS^-$ 和阳离子 Na^+ 或 NH_4^+。其阴离子易和重金属离子生成难溶的沉淀，并通过这种反应发生捕收作用。

$$2(RO)_2PSS^- + Pb^{2+} \longrightarrow [(RO)_2PSS]_2Pb\downarrow \text{（或写作 } PbA_2\text{）}$$

b　黑药与黄药的区别

(1) 黑药金属盐的溶度积比黄药大得多，例如：

$$L_{黄-锌} = 4.9\times10^{-9} \qquad L_{黑-锌} = 1.2\times10^{-5}$$

黑药对于硫化铁矿的捕收能力也比黄药低得多。

(2) 在复杂硫化矿分离中，因为黑药有较好的选择性，故被广泛采用。在用石灰抑制硫化铁的场合使用黑药可以减少石灰用量。浮选铅、铜、镍等矿物中常与黄药共用或单用。另外，国产丁铵黑药和苯胺黑药在金、银浮选中也显示了较好的捕收性。

(3) 由于甲酚黑药多一个疏水基，而且是较难溶于水的甲酚基，故它比黄药难溶于水。使用时，常把它配成低浓度（如 1%）的悬浊液加入距浮选较远的地点或将其原液直接加入球磨机中。

(4) 黑药具有一定的起泡性，游离甲酚越多起泡性越强。黑药的气泡比松醇油的气泡更黏，故用量不宜过大，以免泡沫难以处理。由于丁铵黑药泡厚、大而脆，所以用量稍大危害不明显。

(5) 合成黑药的同时生成硫化氢，硫化氢能使氧化矿物硫化。对于轻微氧化的矿石，用黑药作捕收剂，效果较好。

(6) 黑药的稳定性比黄药好，较难氧化，在酸性介质中较难分解，故在酸性矿浆中浮选用它较为适宜。

由于黑药中残留着游离甲酚，酚类化学性质稳定，难以氧化，而且毒性较大，对环境的污染比较大。

C 硫氮

硫氮学名烃基二硫代氨基甲酸盐,可视为氨基甲酸的衍生物。

工业乙硫氮(SN-9)为暗白色结晶固体,有时稍带黑红色,无毒无臭,无腐蚀性,能溶于水,比黄药稳定。但在酸性介质中或受潮时会缓慢分解变质。

硫氮对铅、铋、锑、铜等金属的硫化矿物有较强的捕收能力,但对铁的硫化矿物例外,硫氮对它的捕收能力很弱。

乙硫氮在使用上有几个特点:

(1)选择性比黄药强,在弱碱性介质中对黄铁矿的捕收能力尤其弱;

(2)浮铅的适宜 pH 要比黄药和黑药高(如9~9.5);

(3)用量比黄药低,只是黄药用量的1/2~1/5。

此外,浮选速度快,泡沫不如黑药黏,可以单独作捕收剂使用(黑药常和黄药联用)。但对不同矿山的矿石,捕收性质常常不同。

4.3.2.4 氧化矿浮选常用的几种药剂

硫化矿与氧化矿浮选用的有机捕收剂,大体上可以分开,而调整剂和起泡剂则不能截然分开,它们在许多情况下是通用的。

A 常用的羧酸类捕收剂

a 动植物脂肪酸

以动植物油脂水解制取脂肪酸及其皂,是洗衣肥皂和油酸类捕收剂的一个重要来源。根据各地资源情况不同,可以用不同的油脂做原料,如米糠油、棉籽油、玉米油、棕榈油、椰子油、鲱鱼油等等。

动植物脂肪酸中,最普遍的是十四酸(肉豆蔻酸)、十六酸(棕榈酸)、十八酸(硬脂酸)、油酸和亚油酸。动物油脂中所含酸的品种更多一些。浮选工业中,特别是在低温严寒地区,人们比较喜欢用不饱和羧酸,如含油酸 $C_{17}H_{33}COOH$、亚油酸 $C_{17}H_{31}COOH$ 和次亚油酸 $C_{17}H_{29}COOH$ 多的品种。因为它们的凝固点低,能抗低温、易分散,指标可靠。

各种工业油酸名为油酸,实际上是多种羧酸的混合物,随原料和加工工艺不同,所得产品的组成和性质差别很大,浮选效果大不一样,使用中必须经常加以鉴定、分析、总结。

b 妥尔油类

妥尔油是由松树造纸的纸浆废液中提取出的物质,是油酸的代用品之一。根据对纸浆废液加工的深度不同,分为粗硫酸盐皂、粗制妥尔油、精制妥尔油、妥尔皂等产品。作为浮选的捕收剂,其主要有用成分为油酸、亚油酸、树脂酸。树脂酸中以松香酸为主。松香酸单独使用时只有起泡性,与其他羧酸共用时才有一定的捕收性,其捕收力比油酸弱。

目前我国只有少数造纸厂的妥尔油可作为捕收剂,故来源很有限。浮选铁矿时,常将它与氧化石蜡皂配合使用。

c 石油馏分氧化成的羧酸(包括氧化石蜡皂)

石油中的许多烃类,都可以借助于人工高温氧化或细菌发酵等工艺得到羧酸。目前在这方面大量使用的是氧化石蜡皂,其次是炼油厂的石油碱渣。

制取氧化石蜡皂所用的原料,大都是260~350℃时从原油中分馏出的石蜡。由于分馏时温度的下限不同,它们含有不等量的分子较小的烃油。

氧化石蜡皂实质上是一个混合物。它包括多种正、异构一元羧酸的皂、羟基酸皂和其他物质。

国产731号氧化石蜡皂是酱色膏体,成分欠稳定;733号氧化石蜡皂为粉状固体,成分较稳定。

红铁矿选矿中也用石油磺酸盐 RSO_3Na 和石油碱渣。

B　羟肟酸类捕收剂

a　异羟肟酸钠(RCONHONa)

由于异羟肟酸钠R中含碳7~9个,故又称7~9羟肟酸。它为黄白色固体,易溶于热水,有毒和腐蚀性,可和 Cu^{2+}、Fe^{3+} 等离子生成螯合物。浮选氧化铜矿时将它与黄药共用,能获得较好的指标。异羟肟酸钠也可用于浮选氧化铁、稀土磷酸盐和钛铁矿。

b　水杨氧肟酸

它系粉红色粉末,性质稳定,溶于乙醇、丙酮等有机溶剂。在酸性介质中使用时,可将其先溶于酒精;在碱性介质中使用时,可将其溶于氢氧化钠,配成1%~2%的稀碱水溶液。它是锡石和钨锰铁矿的选择性捕收剂,有一定的起泡性。

C　胺和醚胺

胺和醚胺,都是阳离子捕收剂。其阳离子中含有烃基,可以吸附在矿物表面上起捕收作用,是铁精矿反浮选和可溶盐类浮选的重要捕收剂。

a　胺类的成分和命名

胺可以看作氨的衍生物。根据 NH_3 被烃基取代H的个数不同,分别命名为第一胺(伯胺)、第二胺(仲胺)和第三胺(叔胺)。

H	H	R′	R′
|	|	|	|
H—N—H	R—N—H	R—N—H	R—N—R″
氨	第一胺	第二胺	第三胺

浮选中最常用的是烷基第一胺,其烃基中的碳原子数多在12~18之间。与其他捕收剂相似,碳链较长者,通常具有较大的捕收能力。我国某厂产的混合第一胺,含第一胺80%,烃中的碳原子数为10~20个,除第一胺外,还有少量的第二胺、第三胺和其他杂质。

混合胺工业品在常温下为琥珀色膏状物,有刺激性臭味。

b　胺的化学性质

短链胺易溶于水,而长链胺溶解度有限。胺类在水中溶解时呈碱性,并生成起捕收作用的阳离子 RNH_3^+:

$$RNH_2 + HOH \rightleftharpoons RNH_3^+ + OH^-$$

长链胺分子在水中常常借氢键和色散力相互作用发生缔合,浓度大时形成胶束。为了促进它的溶解和分散,常将它先溶于盐酸或醋酸中制备成盐(加酸时温度不宜超过50℃,以免产生酰胺)。

溶液pH值不同时,胺的离子和分子的相对数量不同。在不同场合,有时离子起捕收作用,有时分子起捕收作用。

由于胺类与矿物的作用以物理吸附为主,所以附着不牢固容易脱落和洗去。使用胺类时,需要的调整时间较其他氧化矿捕收剂短。

胺类捕收剂比脂肪酸类有更强的起泡性,使用时一般不再另加起泡剂,而且一次用量不能过大。矿泥多时,胺类捕收剂吸附在矿泥上,能造成大量黏性泡沫,使过程失去选择性,既降低精矿质量也增大药剂的消耗。所以,使用胺类捕收剂时多半须预先脱泥。

胺类捕收剂主要用于浮选石英、硅酸盐、铝硅酸盐(红柱石、锂辉石长石、云母等)、菱锌矿和钾盐等矿物,用量为0.05～0.25kg/t。目前冶金工艺强调使用优质铁精矿,为了从铁品位60%左右的磁选精矿中脱除硅石(石英及其他硅酸盐),可以单独使用烷基第一胺(如十二胺)或将它和醚胺混用。

c 醚胺

醚胺类药剂,具体品种不少,都可以看作胺的衍生物,可分为醚一胺和醚二胺两组。常见的两组见下列结构式,它们和胺的对应关系为:

胺的种类	结构式	简式
第一胺	$R—CH_2—CH_2—CH_2—CH_2—NH_2$	RNH_2
醚一胺	$R—O—CH_2—CH_2—CH_2—NH_2$	$ROR'NH_2$
醚二胺	$R—O—(CH_2)_3—NH—(CH_2)_3—NH_2$	$ROR'NHR''NH_2$

试验证明:用第一胺(如十二烷胺)或醚胺反浮铁矿石中的硅石,铁的回收率相近。但是将第一胺和醚胺按一定的比例混合使用时,槽底产物——铁精矿中的 SiO_2 回收率将随醚胺比例的增大而增大,即醚胺用量大,进入泡沫中的 SiO_2 数量少。

4.3.2.5 烃类捕收剂

烃类捕收剂又称作非极性捕收剂,主要成分是石油和煤分馏所得的各种烃类油,如煤油、变压器油、纱锭油、柴油、重蜡等。它们由相对分子质量(C 为 12～18)适当的脂肪族烷烃、环烷烃或者芳香烃组成。常温下为液态,化学性质不活泼,难溶于水,在矿浆中受到强烈搅拌可以分散成细小的油滴。在矿物表面主要发生分子吸附。中性油类捕收剂主要用作石墨、辉钼矿、硫黄和煤等非极性矿物的捕收剂,也可用作离子型捕收剂的乳化剂和辅助捕收剂,还可作消泡剂。

4.3.3 起泡剂

4.3.3.1 概述

气泡是指单个而言,而泡沫是指气泡的集合体。二相泡沫只由气相和液相构成,三相泡沫则由气相、液相和固相三者构成。

现代通用的泡沫浮选,都是利用气泡作为运载工具。具有适当大小和寿命的气泡,是提高浮选设备工效和浮选指标的基本条件。

起泡剂使泡沫稳定的因素之一是起泡剂分子在气－液界面发生定向排列,其极性基指向水并吸引着水分子(极性端被水化),所以能降低泡壁中水分子的下流和蒸发速度,使泡壁不至于断裂。另外起泡剂分子在气泡表面定向排列以后,两个气泡接触碰撞时,中间垫着两层起泡剂分子和它们极性基的水化层,因此较难兼并,容易保存小泡,而小泡比大泡更能经受外力振动。

浮选过程中所遇到的都是有浮游矿粒的三相泡沫。一般比用同一起泡剂生成的二相泡沫稳定。因为固相有三个作用:

(1)磨细的矿粒形成吸水的毛细管,减少泡沫中水的下流速度;

(2)固相铺砌着泡壁,成为气泡互相兼并的障碍;

(3)固相表面的捕收剂相互作用,增强气泡的机械强度。

起泡剂的成分和结构决定着它的起泡性能。极性基的组成更为重要。目前有工业价值的绝大多数起泡剂,其极性基中都包含氧组成的基团。这些基团中最常见的是羟基—OH,其次有醚基—O—、羧基—COOH、磺酸基—SO_3^-。此外,吡啶基≡N、氨基—NH_2、腈基—CN 等也有起泡性。其中带羟基的醇类和酚类,带醚基的一些合成起泡剂,用得最多,因为他们既能水化又不解离(分子起泡剂常比离子好),没有捕收作用。

实用的起泡剂通常应具备下列条件：

(1)是有机物质。

(2)是相对分子质量大小适当的异极性物质。一般脂肪醇和羧酸类起泡剂，碳数都在8～9个以下。

(3)溶解度适当，以0.2～5.0g/L为好。

(4)实质上不解离。

(5)价格低，来源广。

4.3.3.2 常用的起泡剂

A 松油及松醇油

松油是松根、松明、松脂等松树成分经干馏或蒸馏所得的产物。由于原料和加工方法不同，组成多变，性质不稳定，故一般都从其中提取有效成分萜烯醇$C_{10}H_{17}OH$而抛弃其中的杂质。

松醇油（习惯称之为2号油），是我国最常用、来源最丰富的起泡剂，为性能较稳定的一种松油，成品中萜烯醇约为40%～60%。

国产松醇油是亮黄色油状液体，相对密度0.9左右，有松脂香味。

松醇油对一般极性矿物捕收力不强，起泡性强，用量适宜时，可生成大小适当，稳定性中等的泡沫。某些处理铜或铅锌矿的实践证明，松醇油造成的泡沫不如甲基异丁基甲醇等合成起泡剂的泡沫脆，用量比醚醇或丁醚油大，但浮选指标基本稳定可靠。

此外，樟油、桉油也可作起泡剂。

B 甲酚酸

甲酚酸是炼焦工业的副产品，是苯酚（C_6H_5OH）、甲酚（$CH_3C_6H_4OH$）及二甲酚$(CH_3)_2C_6H_3OH$等的混合物。酚易溶于水，但无起泡性。甲酚的三种异构体（邻甲酚、间甲酚、对甲酚）中，间甲酚的起泡性最好。二甲酚能形成稳定的泡沫，但难溶于水。

甲酚酸的起泡能力较松油弱，生成的泡沫较脆，选择性较好，适合于多金属硫化矿物的优先浮选。其价格较贵，且有毒、易燃。

C 重吡啶

重吡啶也是炼焦工业的副产品，是煤焦油中分离出来的碱性有机混合物，密度稍大于$1g/cm^3$，是一种褐色的油状液体。

由油母页岩或煤干馏制得的粗吡啶，通常称为重吡啶，其中吡啶的含量不少于80%。

重吡啶有一种特殊的臭味，易溶于水，是和烃类油等组成的复合混合物，具有起泡性，也有一定的捕收能力，可代替松油和甲酚使用。

D 醇类起泡剂

醇类（R—OH）中可做起泡剂的多为C_6～C_9的脂肪醇，例如甲基异丁基甲醇（MIBC）：

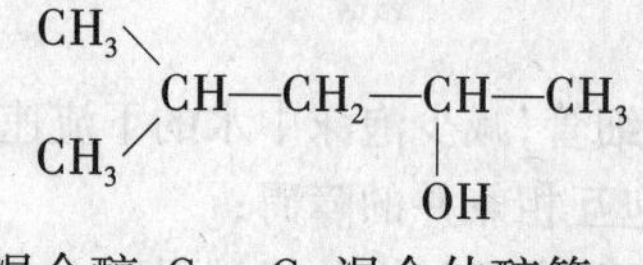

混合六碳醇（P_1－MPA）；C_6～C_8混合醇；C_5～C_7混合仲醇等。

这些醇类起泡剂，比2号油泡沫更脆，选择性较好，用量低。其中MIBC是国际上比较通用的起泡剂。

4.3.4 抑制剂

在多金属硫化矿的浮选中，尤其是混合精矿的分离，抑制剂的应用是否得当特别重要。抑制剂种类繁多,多金属硫化矿的浮选,常用无机抑制剂。近年来,低毒组合抑制剂中也配用少量淀粉、纤维素、瓜耳胶等天然有机物或合成有机物,以改善复杂硫化矿的分离效果。

4.3.4.1 氰化物

氰化物是锌、铁、镍硫化物的强抑制剂,加大用量也可作硫化铜的抑制剂,但它对铅、铋、锡、锑的硫化矿无抑制作用,故曾经广泛用于复杂多金属矿的分离。由于它的毒性大,不利环保,应尽量避免使用。氰化物是金、银的优良浸出剂,在金、银矿石的氰化提取中,应用仍然极为普遍。

在碱性矿浆中[CN^-]增加,抑制作用增强。pH 越高,[CN^-]越大,可以减少氰化物用量。在酸性矿浆中[CN^-]减少,抑制作用减弱。如果酸性太强,会逸出剧毒性的氢氰酸,极为有害。

选矿分离中,氰化物的用量可以为 5 ~1000g/t,国内把用量 20g/t 以下的称为少氰浮选,常把它配成 2% ~5% 的水溶液使用。

处理选厂含氰化物的废水可用漂白粉、液氯等,使其氧化后废弃。

4.3.4.2 硫酸锌($ZnSO_4 \cdot 7H_2O$,又名皓矾)

硫酸锌是闪锌矿的抑制剂,但它必须和碱共用才有抑制作用。矿浆的 pH 值越高,硫酸锌的抑制作用越强。

硫酸锌单独使用时,抑制作用较弱,只有与碱、氰化物和亚硫酸钠等联合使用时,才有强烈的抑制作用,它与氰化物配用时,抑制效果比单独使用其中任一种都好。一般配比为:氰化物:硫酸锌 =1:(2 ~8),氰锌组合剂抑制硫化矿物的顺序为:闪锌矿 > 黄铁矿 > 黄铜矿 > 白铁矿 > 斑铜矿 > 黝铜矿 > 铜蓝 > 辉铜矿。

4.3.4.3 亚硫酸(或二氧化硫)、亚硫酸盐和硫代硫酸盐

亚硫酸(H_2SO_3)或二氧化硫(SO_2)、亚硫酸钠(Na_2SO_3)及硫代硫酸钠($Na_2S_2O_3$)等,都是闪锌矿及硫化铁矿的抑制剂。将它们与硫酸铁或重铬酸盐配用可抑制方铅矿。这类药剂对硫化铜矿物不起抑制作用,反而表现出一定的活化作用。所以越来越广泛地用它代替氰化物抑制闪锌矿和硫化铁矿进行铅与锌、硫的分离、铜与锌、硫的分离。其特点:无毒;对金、银等贵金属无溶解作用;被它们抑制过的矿物易于活化;但抑制作用较氰化物弱,易于消失,用量和使用条件要严加控制。为了提高它们的选择性抑制作用,常将它们和其他药剂配合使用。例如,与石灰配用抑制黄铁矿,与硫酸锌或硫化钠配用抑制闪锌矿,与淀粉或硫酸铁或重铬酸盐配用抑制方铅矿等。

亚硫酸及其盐对方铅矿的抑制作用,只有当方铅矿表面氧化时才能发生,在 pH 值约为 4,方铅矿表面因生成亲水性亚硫酸铅膜而受到抑制。

亚硫酸类药剂本身易氧化失效,因此,应严格控制作用时间。现场为防止氧化失效常采用分段添加的方法。

4.3.4.4 重铬酸盐和铬酸盐

重铬酸盐和铬酸盐是方铅矿的有效抑制剂,它们对黄铁矿和重晶石也有抑制作用。常用的重铬酸盐是重铬酸钾($K_2Cr_2O_7$)和重铬酸钠,其中重铬酸钾用的较多。常用的铬酸盐是铬酸钾(K_2CrO_4)或铬酸钠。

用铬酸盐抑制方铅矿,必须进行较长时间(如 30min 以上,有时长达几小时)的搅拌,致使矿物表面氧化。

在中性介质中,它们可以抑制未氧化的方铅矿,此时在方铅矿表面生成的是亲水性的氧化铬。

由于重铬酸盐对方铅矿的抑制性很强,方铅矿一旦被抑制后,就难以活化,所以在多数情况下,方铅矿被它抑制以后,就不再活化了。

重铬酸盐难以抑制被 Cu^{2+} 活化过的方铅矿,因此,当矿石中含有氧化铜矿物或次生铜矿物

时用它效果不佳。

重铬酸盐可用于抑制重晶石。如萤石矿中含有重晶石时，可在矿浆中加入重铬酸盐，使其在重晶石表面生成稳定的铬酸钡亲水性薄膜，使重晶石受到抑制作用。

4.3.4.5　硫化钠（$Na_2S \cdot 9H_2O$）、硫氢化钠（NaHS）和硫化钙（CaS）

硫化钠、硫氢化钠和硫化钙属于弱酸盐，易溶于水。硫化钠在水中水解和解离，并显示出较强的碱性。

在有色金属矿浮选中，硫化钠的作用是多方面的。可用来活化（硫化）有色金属氧化矿，抑制各种金属硫化矿物，脱除混合精矿表面的捕收剂，沉淀矿浆中金属离子和提高 pH 值。

（1）活化（硫化）作用。浮选有色金属氧化矿常用硫化钠做活化剂，使其表面生成一层不易溶解的类似于硫化矿的硫化物薄膜，再用黄药类捕收剂浮选。

实践证明，用硫化钠做有色金属氧化矿的硫化剂时，其硫化速度和硫化效果与硫化钠的用量、矿浆 pH 值、矿浆温度、调浆时间等因素有关，应严加控制。

使用硫化钠时，为了避免局部浓度过高及搅拌时间过长，常常采用分段分批添加的方法。

（2）抑制作用。大量的硫化钠对许多硫化矿物都有抑制作用，单独使用时，其用量不易控制，故常常配以其他药剂使用。如将硫化钠和硫酸锌配用以抑制锌、铁的硫化矿物；将硫化钠和重铬酸盐配用抑制方铅矿；将硫化钠和活性炭配用，是利用活性炭吸收硫化钠从矿物表面排挤出来的捕收剂离子。在用非极性捕收剂浮选辉钼矿时，常单独使用硫化钠抑制重金属硫化矿物。

硫化钠对常见多金属硫化矿物的抑制强弱顺序为：方铅矿 > Cu^{2+}活化过的闪锌矿 > 黄铜矿 > 斑铜矿 > 铜蓝 > 黄铁矿 > 辉铜矿。

（3）脱药作用。在混合精矿分离之前，常常用硫化钠做解吸剂。利用 HS^- 和 S^{2-} 在矿物表面的强烈－吸附作用排除混合精矿表面的捕收剂阴离子。用脂肪酸浮出的白钨粗精矿再精选前，有时也加入大量的硫化钠并升温至 80～90℃脱药。

由于 S^{2-} 可与不少金属离子生成难溶的硫化物沉淀，所以硫化钠有消除矿浆中的活性离子、调整矿浆中的金属离子成分和净化水的作用。

此外，硫化钠水解时能产生大量的 OH^-，使矿浆的 pH 值升高，给浮选过程带来影响。

4.3.5　活化剂

在金属硫化矿浮选中，硫化铜矿及硫化铅矿一般都容易浮选，无需活化。在某些情况下，混合精矿分离要抑铜或抑锌，这时被抑制的矿物往往可作槽底精矿，也不再活化，所以硫化矿活化剂主要用于活化硫化锌、硫化锑和硫化铁的矿物。活化硫化锌及含镍硫化矿常用硫酸铜。汞盐、醛对硫化锌虽有活化作用，但价贵、难得，容易造成污染。活化被石灰抑制的黄铁矿常用硫酸、二氧化碳、苏打、硫酸铜、氟硅酸钠、铵盐等。活化辉锑矿常用硝酸铅。活化铜、铅、锌的氧化矿常用硫化钠。

硫酸铜（$CuSO_4 \cdot 5H_2O$，又名胆矾）是闪锌矿和硫化铁矿常用的活化剂。

硫酸铜对闪锌矿和黄铁矿的活化有两种不同的情况，一种是活化未抑制过的矿物，另一种是活化被氰化物等抑制过的矿物，情况不同，活化机理也不同。

（1）在被活化的矿物表面直接生成活化膜。硫酸铜对未被抑制过的闪锌矿的活化作用，是由于硫酸铜中的 Cu^{2+} 与闪锌矿晶格中的 Zn^{2+} 发生置换化学反应：

$$\mathrm{ZnS]ZnS + CuSO_4 \longrightarrow ZnS]CuS + ZnSO_4}$$

闪锌矿　硫化铜膜

反应的结果在闪锌矿表面形成一层易浮的硫化铜活化膜，使它具有与铜蓝（CuS）相近的可浮性。实践证明,在闪锌矿表面的这层活化膜很容易形成,而且是牢固的。

(2)除去抑制性离子和矿物表面抑制膜后生成活化膜。当矿物被氰化物、亚硫酸等抑制剂抑制过时,硫酸铜的活化作用是先消除抑制膜然后生成活化膜。因为 Cu^{2+} 能够沉淀或络合矿浆中 CN^-、SO_3^{2-} 等离子,促使矿物表面的抑制膜溶解,然后再在矿物表面生成活化膜。

由于硫酸铜是强酸弱碱盐,在水中完全电离,使溶液呈弱酸性:

$$CuSO_4 + 2H_2O = Cu(OH)_2 + 2H^+ + SO_4^{2-}$$

显然,有效 Cu^{2+} 的浓度与矿浆的 pH 值有关。为了防止 Cu^{2+} 水解,提高活化效率,最好在酸性或中性矿浆中使用硫酸铜。

4.3.6 pH 值调整剂

常用的 pH 值调整剂有石灰、碳酸钠、苛性钠、硫酸等。

4.3.6.1 *石灰*

石灰(CaO)是硫化矿浮选时常用的调整剂。它的主要作用是:调整矿浆的 pH 值使矿浆呈碱性;抑制黄铁矿;调整其他药剂作用的活度,并能消除一部分对分选不利的离子;对矿泥还有聚沉作用。此外,由于石灰易得、价廉,所以石灰是硫化矿分选的主要浮选药剂。

石灰与水作用生成氢氧化钙(熟石灰),溶于水的氢氧化钙能电离成钙离子和氢氧离子,使溶液呈较强的碱性。

石灰能有效地抑制黄铁矿,主要是由于石灰水解产生的 OH^- 和 Ca^{2+} 起抑制作用。OH^- 与黄铁矿表面的 Fe^{2+} 作用形成难溶而亲水的氢氧化亚铁 $Fe(OH)_2$ 和氢氧化铁 $Fe(OH)_3$ 薄膜,使黄铁矿受到抑制。当黄铁矿被黄药作用后,即在黄铁矿表面已形成黄原酸铁的疏水膜时,OH^- 也能取代黄原酸离子在其表面形成一层难溶而亲水的氢氧化亚铁薄膜,使其受到抑制。

在 pH = 9 的同等条件下,用氢氧化钠调整 pH 时,黄铁矿的回收率为 80%,而用石灰调整 pH 时,黄铁矿的回收率仅为 18%。可见,用石灰比用氢氧化钠起的抑制作用强得多。这说明石灰不仅是通过 OH^- 起抑制作用,而且也有 Ca^{2+} 的功劳。

石灰能使矿泥聚沉,除去矿泥覆盖的有害作用。这是由于 Ca^{2+} 被吸附在微细矿泥的表面,中和矿泥表面的负电荷而引起彼此之间的聚沉。

在生产中,石灰可以制成石灰乳添加,也可以直接添加粉末。石灰用量过大时,不仅可以抑制黄铁矿,而且会抑制方铅矿和黄铜矿,还可使泡沫发黏,甚至跑槽,造成操作混乱,使分选指标下降。

4.3.6.2 *碳酸钠*

碳酸钠(Na_2CO_3)在水溶液中可以电解为 Na^+、CO_3^{2-}。在水中发生反应,使溶液呈现中等碱性。

碳酸钠是浮选中常用的中碱性 pH 调整剂,用它可将矿浆的 pH 调成 8 ~ 10。

碳酸钠可沉淀矿浆中的 Ca^{2+}、Mg^{2+} 等有害离子。

碳酸钠对 pH 有缓冲作用,而且能沉淀矿浆中有抑制作用的钙离子,可用它来活化被石灰抑制了的黄铁矿。有的现场用石灰窑放出的废气(主要成分为 CO_2)活化被石灰抑制的黄铁矿,以它代替硫酸。其中 CO_2 溶于水后生成碳酸,能降低矿浆的 pH 和沉淀 Ca^{2+}。

碳酸钠对微细矿泥有分散作用,是因为 CO_3^{2-}、HCO_3^-、OH^- 等吸附在矿泥表面,使矿泥表面处于同电性相斥的状态。

4.3.6.3 *苛性钠*

苛性钠(NaOH)又称烧碱,是强碱性的 pH 调整剂。但因它价贵,所以只在不宜使用石灰而且要获得高的 pH 情况下采用。在赤铁矿和褐铁矿进行正、反浮选时,常用它。

4.3.6.4 硫酸

硫酸(H_2SO_4)是酸性 pH 调整剂。黄铁矿在碱性矿浆中受石灰抑制以后,加入硫酸使矿浆 pH 值降至 7 以下,可使黄铁矿复活。此时硫酸可溶去黄铁矿表面的氢氧化铁抑制性薄膜。在浮选绿柱石、锆英石、金红石、烧绿石等稀有金属矿物时,常预先用硫酸处理,以洗去矿物表面的污染物,调节矿物的可浮性。硫酸的最大缺点是腐蚀性大,所以很少使用。

4.3.7 其他药剂

4.3.7.1 淀粉

A 成分

淀粉$(C_6H_{10}O_5)_n$是许多植物根、茎、果内的碳水化合物,其基本成分是葡萄糖。淀粉由成千上万个葡萄糖单元连接而成。

B 在浮选中的作用

淀粉是非极性矿物和红铁矿反浮选的重要抑制剂和红铁矿选择絮凝的絮凝剂。

由于淀粉分子上有羟基、羧基(变性淀粉才有)等极性基,故它可以通过氢键与水分子缔合,使受它作用的矿粒亲水。研究还表明:淀粉对矿物起抑制作用时并不除去矿物表面吸附的捕收剂,而是靠它庞大的亲水性分子把疏水性的捕收剂分子掩盖着,使矿物失去疏水性。

淀粉做絮凝剂时,是由于它的分子大,可以同时与两个以上的矿粒作用,借助于"桥联"作用把分散孤立的细泥连接成大絮团,加速它们在水中的沉降速度。淀粉用量很小时(如数十克每吨)即可起到应起的作用,用量过大反而会使悬浮质重新稳定。

4.3.7.2 纤维素

纤维素是许多植物纤维的主要成分,其物质基础仍然是葡萄糖。纤维素的分子式可以表示为$[C_6H_{10}O_5]_n$,基本成分和浮选性质都与淀粉相似。

为了改善纤维素的浮选性质,可将纤维素进行一些处理,而使纤维素变成羧甲纤维素,羟乙纤维素,磺酸纤维素等。

这些纤维素中以羧甲基纤维素用途最广。广泛用它抑制钙镁硅酸矿物和碳质脉石、泥质脉石,如辉石、角闪石、高岭土、蛇纹石、绿泥石、石英等等。用量 100~1000g/t。羧甲基纤维素可以铬铁盐木质素做代用品。

4.3.7.3 3 号凝聚剂

3 号凝聚剂的化学组成为聚丙烯酰胺,是一种高分子化合物。胶状 3 号凝聚剂是含有效成分聚丙烯酰胺 8% 的水溶胶体,相对分子质量为 200~600 万。为无色透明、有弹性、黏性的胶体。现在国产粉状 3 号凝聚剂含聚丙烯酰胺 92% 以上,系白色粉状固体,能溶于水和乙醇中,相对分子质量为 200~800 万。

胶状 3 号凝聚剂能溶于水但较慢,如要急于使用,可先将其剪成碎块放于清水中浸泡或在常温下适当搅拌,使其溶解稀释成 0.5%~1% 的水溶液。

3 号凝聚剂适用的 pH 范围比较广,但在强酸性介质、胶体溶液、有大量有机药剂的矿浆中使用效果较差。对粒径 $d>44\mu m$ 的固体颗粒凝聚效果显著,但对于胶体悬浮粒则几乎无凝聚效果。在后一种情况下必须与其他电解质配合使用。

4.3.7.4 硅酸钠

硅酸钠(Na_2SiO_3)又称作水玻璃,是非硫化矿浮选时最常用的抑制剂,又是常用的矿泥分散剂,用脂肪酸浮选获得的粗精矿精选以前,还可用它脱药。

4.4 浮选流程

浮选流程是浮选时矿浆流经各作业的总称，是由不同浮选作业（有时包括磨矿作业）所构成的浮选生产工序。

矿浆经加药搅拌后进行浮选的第一个作业称为粗选，目的是将给料中的某种或几种欲浮组分分选出来。对粗选的泡沫产品进行再浮选的作业称为精选，目的是提高精矿的质量。对粗选槽中的尾矿进行再浮选的作业称为扫选，目的是降低尾矿中欲浮组分的含量，以提高回收率。上述各作业组成的流程如图4－6所示。

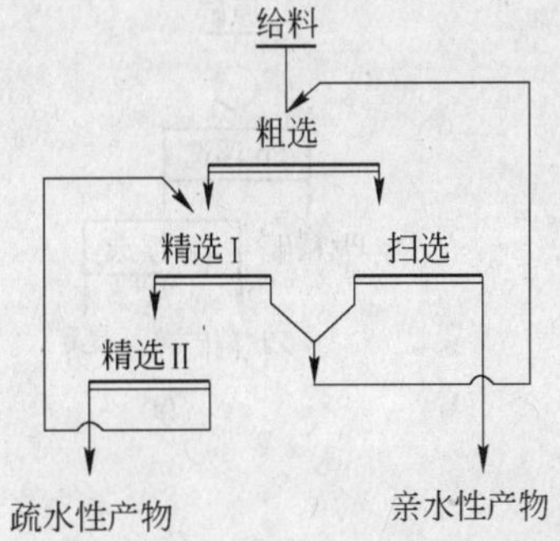

图4－6 粗、精、扫选流程示意图

生产中所采用的各种浮选流程，实际上都是通过系统的可选性研究试验后确定的。当选矿厂投产后，因物料性质的变化，或因采用新工艺及先进的技术等，要不断地改进与完善原流程，以获得较高的技术经济指标。

在确定流程时，应主要考虑物料的性质，同时还应考虑对产品质量的要求以及选矿厂的规模等。

4.4.1 浮选流程的段数

在确定浮选流程时，应首先确定原则流程（又称骨干流程）。原则流程主要包括选别段数、欲回收组分的选别顺序和选别循环数。

选别段数是指磨矿作业与选别作业结合的次数：磨1次（粒度变化一次），接着进行浮选，任何浮选产物无需再磨，则称为1段磨浮流程。阶段浮选流程又称阶段磨－浮流程，是指两段及两段以上的浮选流程，也就是将第1段的某个浮选产物进行再磨－再浮选的流程。这种浮选流程的优点是可以避免物料过粉碎。用这种流程处理欲回收组分嵌布较复杂的物料时，不仅可以节省磨矿费用，而且可改善浮选指标，所以在生产中得到了广泛应用。

4.4.2 选别顺序及选别循环

当浮选处理的物料中含有多种待回收的组分时，为了得出几种产品，除了确定选别段数外，还要根据待回收矿物的可浮性及它们之间的共生关系，确定各种组分的选出顺序。选出顺序不同，所构成的原则流程也不同，生产中采用的流程大体可分为优先浮选流程、混合浮选流程、部分混合浮选流程和等可浮选流程等4类（见图4－7）。

优先浮选流程是指将物料中要回收的各种组分按先易后难的顺序逐一浮出，分别得到各种富含1种欲回收组分的产物（精矿）的工艺流程。

混合浮选流程是指先将物料中所有要回收的组分一起浮出得到中间产物，然后再对其进行分离浮选，得出各种富含1种欲回收组分的产物（精矿）的工艺流程。

部分混合浮选流程是指先从物料中混合浮出部分要回收的组分，并抑制其余组分、然后再活化浮出其他要回收的组分，先浮出的中间产物经浮选分离后得出富含1种欲回收组分的产物（精矿）的工艺流程。

等可浮选流程是指将可浮性相近的要回收组分一同浮起，然后再进行分离的工艺流程，它适

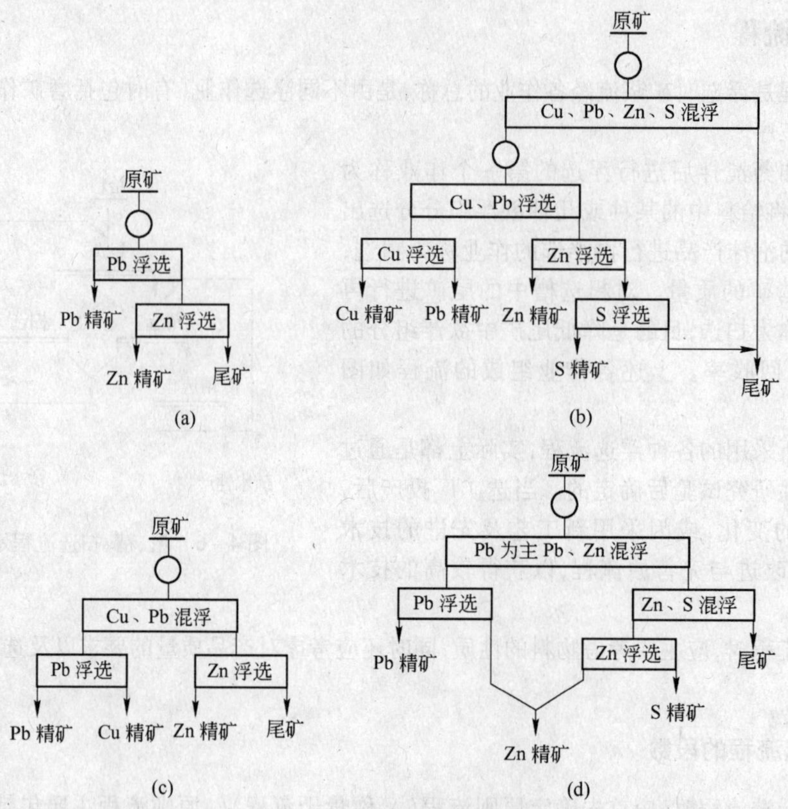

图 4－7　常见的浮选原则流程

(a)优先浮选;(b)混合浮选;(c) 部分混合浮选;(d)等可浮选

合于处理同一种矿物包括易浮与难浮两部分的复杂多金属矿石。

选别循环(或称浮选回路)是指选得某一最终产品(精矿)所包括的一组浮选作业,如粗选、扫选及精选等整个选别回路,并常以所选的组分来命名,如铅循环(或铅回路)。

4.4.3　浮选流程的内部结构

流程内部结构,除包含了原则流程的内容外,还要详细表达各段的磨矿分级次数和每个循环的粗选、精选、扫选次数、中间产物如何处理等。

4.4.3.1　精选和扫选次数

粗选一般都是 1 次,只有少数情况下,采用 2 次或 2 次以上。精选和扫选的次数变化较大,这与物料性质(如欲回收组分的含量、可浮性等)、对产品质量的要求、欲回收组分的价值等有关。

当原料中欲回收组分的含量较高,但其可浮性较差时。如对产物质量的要求不很高,就应加强扫选,以保证有足够高的回收率,且精选作业应少,甚至不精选。

当原料中欲回收组分的含量低、而对产物的质量要求很高(如浮选回收辉钼矿)时,就要加强精选,有时精选次数超过 10 次,甚至在精选过程中还需要结合再磨作业。

当物料中两种组分的可浮性差别较大时,亲水性组分基本不浮。对这种物料的浮选,精选次数可以减少。

4.4.3.2 中间产物的处理

流程中精选作业的槽底产品和扫选作业的泡沫一般统称为中间产物(中矿)。对它们的处理方法要根据其中的连生体含量、欲回收组分的可浮性、组成情况、药剂含量及对产物质量的要求等来决定。

通常是将中间产物依次返回到前一作业,或送到浮选过程的适当地点。在实际生产中,中间产物的返回往往是多种多样的。一般是将中间产物返回到所处理物料的组成和可浮性与之相似的作业。当中间产物含连生体颗粒较多时,需要再磨。再磨可以单独进行,也可返回第1段磨矿作业。此外,当中间产物的性质比较特殊、不宜直接或再磨后返回前面的作业时,则需要对其进行单独浮选,或者用化学方法进行单独处理。

总之,在浮选厂的生产实践中,中间产物如何处理,是一个比较复杂的问题。由于中间产物对选别指标影响较大,所以需要经常对它们的性质进行分析研究,以确定合适的处理方案。

4.4.4 浮选流程的表示方法

表示浮选流程的方法较多,各个国家采用的表示方法也不一样。在各种书籍资料中,最常见的有线流程图、设备联系图等。

线流程图是指用简单的线条图来表示物料浮选工艺过程的一种图示法,如图4-8a所示。这种表示方法比较简单,便于在流程上标注药剂用量及浮选指标等,所以比较常用。

设备联系图是指将浮选工艺过程的主要设备与辅助设备如球磨机、分级设备、搅拌槽、浮选机以及砂泵等,先绘成简单的形象图,然后用带箭头的线条将这些设备联系起来,并表示矿浆的流向,如图4-8b所示。这种图的特点是形象化,常常能表示设备在现场配置的相对位置,其缺点是绘制比较麻烦。

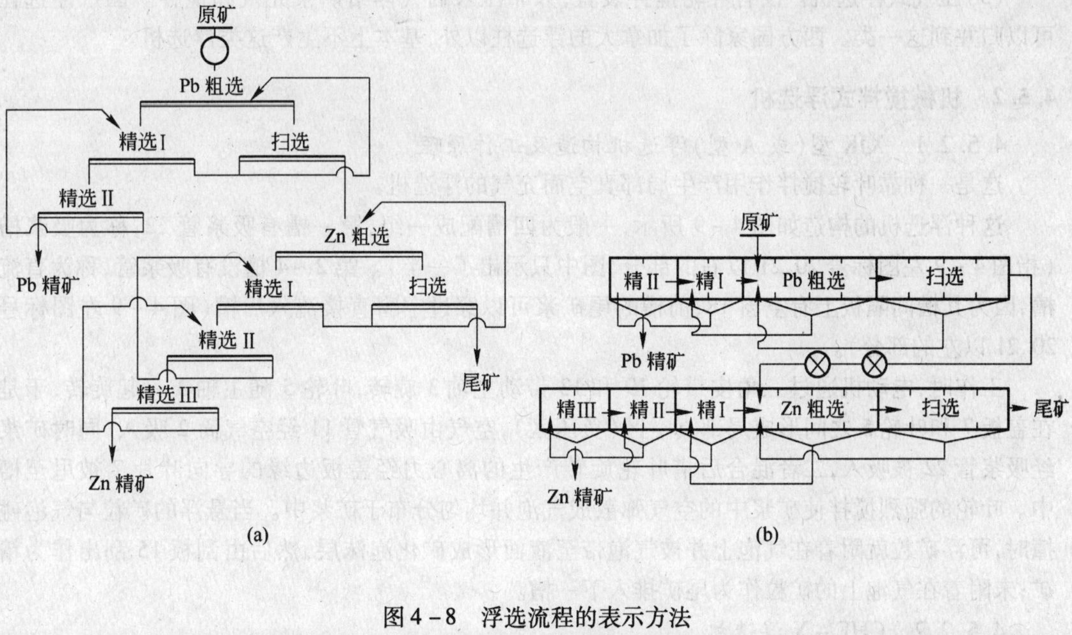

图4-8 浮选流程的表示方法
(a)线流程图;(b)设备联系图

4.5 浮选机械

4.5.1 概述

4.5.1.1 浮选机械的基本要求

浮选机除应具备工作连续、可靠、寿命长、易维修、耗电少、构造简单等性能以外，还应有下列的特殊作用。

(1)充气作用。浮选机必须能够向矿浆中吸入或压入足量的空气，并使空气分割成细小(0.1~1.0mm)的气泡，同时把气泡均匀地分散在全槽的矿浆中。

(2)搅拌作用。浮选机要能造成适当强度的搅拌，其目的是：

1)使液体获得的上升速度高于矿粒的沉降速度，以防矿砂沉积；

2)使相当数量的液体在混合区循环，以维持矿粒悬浮和提供矿、泡接触机会；

3)促进大片空气变成气泡，并把气泡均匀地分散到全槽中，以提高浮选效率；

4)促进药剂的溶解和分散。

此外，矿液面、充气量等能够经常调节。

4.5.1.2 浮选机械的分类

目前国内外浮选机多达数十种。我国习惯于按浮选机的充气方式将浮选机分成下列三类：

(1)机械搅拌式浮选机。靠叶轮搅拌在浮选机的下部造成低于大气压的负压区，通过管道从大气中吸入空气，如国产 XJK(A)、JJF 型浮选机就属于这一类。

(2)(压)气搅(拌)式浮选机。虽有机械叶轮维持矿砂悬浮，但其充气主要靠压气管道将气体送到液－气混合区。如国产 CHF－X 型、KYF 型，进口萨拉 BFP 型属于这一类。当今世界浮选机大都是这一类，如本书后面介绍的 OK 型，阿克尔(Aker)型，阿吉特尔(Agitair)型，BCS 型都是。

(3)压气式浮选机。没有叶轮搅拌装置，只靠压入的气体给矿浆充气和搅拌。国产浮选柱可以归并到这一类。西方国家除了加拿大的浮选柱以外，基本上不生产这类浮选机。

4.5.2 机械搅拌式浮选机

4.5.2.1 XJK 型(或 A 型)浮选机构造及工作原理

这是一种靠叶轮搅拌作用产生局部真空而充气的浮选机。

这种浮选机的构造如图4－9 所示，一般为四槽配成一组，第一槽有吸浆管 22，称为吸浆槽(指图4－9 左图标号 20、21 以右的部分，图中只示出了一半)。第 2~4 槽没有吸浆管，称为直流槽，因为其槽间隔板上有空窗 18，前槽的尾矿浆可以穿过空窗直接流入后槽(图 4－9 左图标号 20、21 以左的部分)。

工作时，电动机通过三角皮带轮 19 和 13 带动主轴 3 旋转，叶轮 5 随主轴 3 一起旋转，于是在盖板 7 和叶轮 5 之间形成局部真空区(负压区)，空气由吸气管 11 经空气筒 2 吸入，同时矿浆经吸浆管 22 被吸入，二者混合后借叶轮旋转产生的离心力经盖板边缘的导向叶片 7 被甩至槽中。叶轮的强烈搅拌使矿浆中的空气弥散成气泡并均匀分布于矿浆中。当悬浮的矿粒与气泡碰撞时，可浮矿粒就附着在气泡上并被气泡带至液面形成矿化泡沫层，然后由刮板 15 刮出作为精矿；未附着在气泡上的矿粒作为尾矿排入下一槽。

4.5.2.2 CHF－X 浮选机

CHF－X 浮选机与美国丹佛 D－R 浮选机相似。叶轮和盖板的构造和 XJK 型浮选机差不多

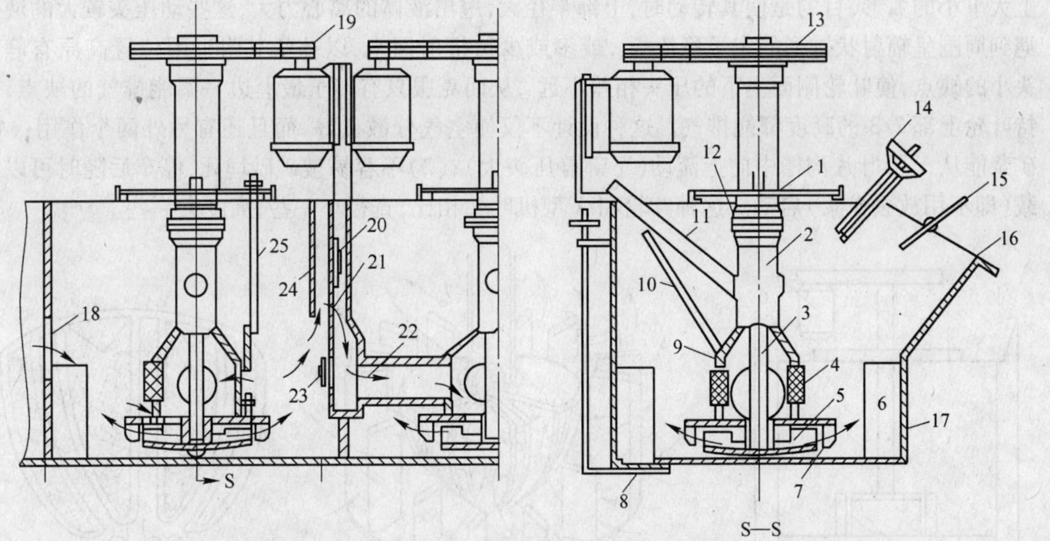

图4-9 XJK型浮选机构造示意图

1—座板;2—空气筒;3—主轴;4—矿浆循环孔塞;5—叶轮;6—稳流板;7—盖板(导向叶片);
8—事故放矿闸门;9—连接管;10—砂孔闸门调节杆;11—吸气管;12—轴承套;13—主轴皮带轮;
14—尾矿闸门丝杆及手轮;15—刮板;16—泡沫溢流唇;17—槽体;18—直流槽进浆口(空窗);
19—电动机皮带轮;20—尾矿溢流堰闸门;21—尾矿溢流堰;22—给矿管(吸浆管);23—砂孔闸门;
24—中间室隔板;25—内部矿浆循环孔闸门调节杆

(图4-10)。

该机和A型浮选机相比,主要不同的地方是:

(1)盖板上方进气筒周围有一个倒锥状的矿浆循环筒6,以增大槽内矿浆循环量;

(2)进气筒下端有一个钟形罩,以防矿浆堵塞排气口,并给排出的压缩空气和循环的矿浆起导流的作用。

(3)空气不是从大气中吸入而是由缩气管道送入。

矿浆空气混合与运动路线如图4-10所示,基本工作过程和XJK型浮选机相似。

金堆城钼矿、大姚铜矿和五龙金矿用CHF-X14m^3(双槽容积共14m^3),都取得了较好的效果。和A型浮选机比,其单位容积处理能力和浮选效率高,工艺适应性强,耗电低。

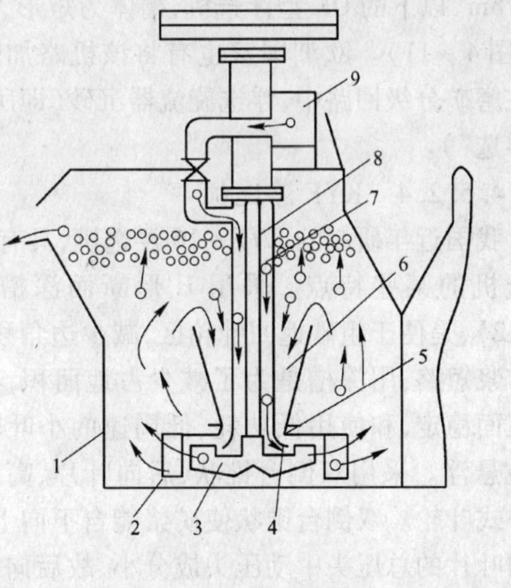

图4-10 CHF-X14m^{3}浮选机工作示意图

1—槽体;2—盖板;3—叶轮;4—钟形罩;5—环形通道;
6—循环筒;7—进气筒;8—主轴;9—压气总管

4.5.2.3 OK型浮选机

OK型浮选机由芬兰奥托昆普公司生产。该机的特点是有外廓呈半球状的转子(图4-11b,图4-11c)。它由侧面呈弧形、平面呈V形的许多对叶片组成,V形尖端向着圆心,上面有一盖板。相邻的V形叶片间有排气间隙,从中空轴下来的压缩空气由此间隙排出。叶片侧面成上大下小的弧形,目的是使其转动时,上部半径大,甩出液体的离心力大,这些动压头较大的液体遇到周围呈辐射状排列的定子稳流板,或多或少被折射回来,以补偿其附近因位置高原有静压头小的缺点,使叶轮侧面上下的压头相差不远,从而克服只有转子最上边一圈能排气的缺点,保持叶轮上部2/3的高度都能排气。这种设计不仅使空气分散良好,而且还有另外两个作用:(1)矿浆能从V形叶片沟槽中向上流动(下部静压头大);(2)不容易被矿砂埋死,停车后随时可以满载(即不用放去矿浆)启动。这种叶轮和A型机叶轮相比,直径小一些,高度大一些。

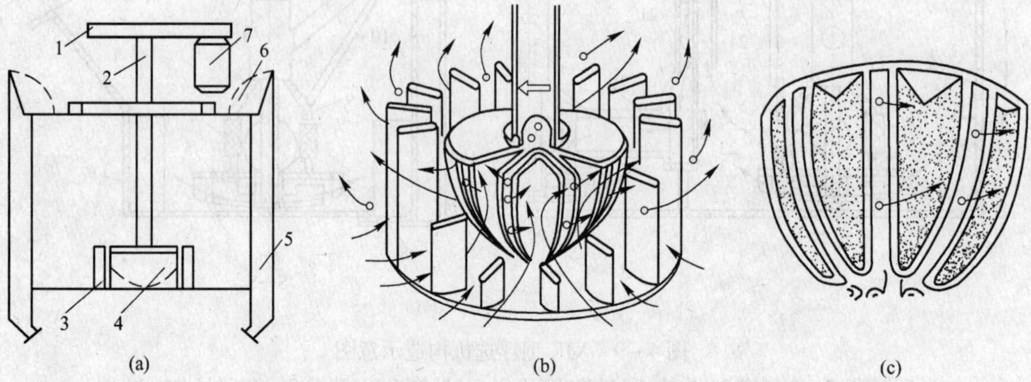

图4-11 OK型浮选机

(a)OK型浮选机横断面;(b)矿浆和气泡运动路线;(c)转子外观;

1—皮带轮;2—主轴;3—定子;4—转子;

5—泡沫槽;6—刮板;7—电动机

这种浮选机定子直径较大,安装时可以不与主轴同心,造成矿浆从一侧吸入向另一侧排出的不对称运动,而且表层矿浆与槽底矿浆运动相反,借此将泡沫从浮选机后侧推往泡沫溢流唇边。

$8m^3$ 以下的OK型浮选机,槽体为矩形,有挡板。$16m^3$ 以上的OK型浮选机,使用U形槽体(见图4-11)。欧洲国家也有将该机略加改造后装在磨矿分级回路中,浮选旋流器沉砂(即所谓"闪速浮选")。

4.5.2.4 KYF浮选机

我国近年研制的KYF-16浮选机,具有OK型浮选机的某些特点。采用U形断面深槽(见图4-12),是便于粗砂返回叶轮区,减少边角积砂、减少矿浆短路;用深槽是为了减少占地面积,有利于矿浆面稳定,和使用低功耗、低周速的小叶轮维持矿粒悬浮。采用双倒台锥状、后向叶片、高比转速离心式叶轮。双倒台锥状使矿浆能自下向上运动;后向叶片的总压头中动压头成分小,故后向叶片的离心式叶轮,扬量大、矿浆面波动小;高比转速(主动轮转速/从动轮转速)可以提高功效。采用悬空式径向短叶片定子。压气经空心主轴送入多孔圆筒状的空气分配器进入矿浆。云南牟定铜矿用

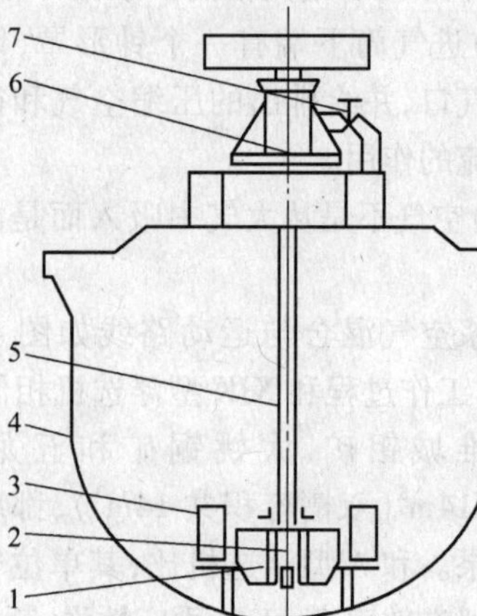

图4-12 KYF浮选机

1—转子;2—空气分配器;3—定子;4—槽体;

5—主轴;6—轴承及支座;7—压气管网

KYF-16和改进型6A浮选机对比的工业试验表明:用KYF-16浮铜的回收率和品位略有提高,

易磨件寿命延长一倍,节电43%左右。国产BSK-8浮选机和KYF非常相似。

4.5.3 浮选柱

4.5.3.1 机械构造及工作原理

浮选柱的构造见图4-13,其原理是:在方形或圆形柱槽子1的底部由环形供气管道6导入压缩空气,通过微孔介质充气器5分散成气泡,气泡在柱中由下向上缓慢升起;而矿浆则由给矿槽2、矿浆分配管3从上部给入,向下运动;在矿浆与气泡的对流运动中实现气泡矿化。

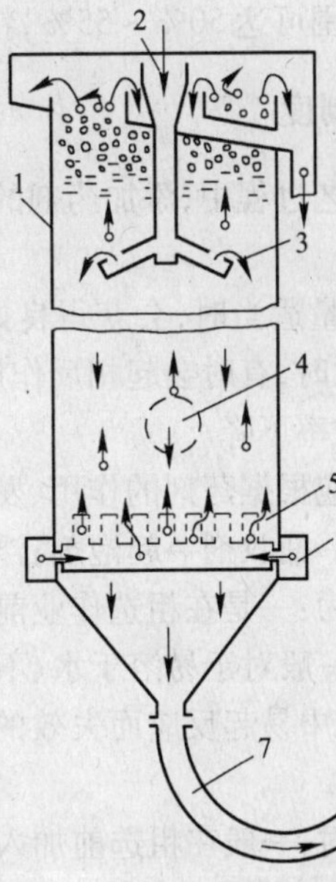

图4-13 自溢式浮选柱示意图

1—柱体;2—给矿槽;3—矿浆分配管;4—人孔;5—充气器;6—环形供气管道;7—尾矿管

4.5.3.2 浮选柱的特点

浮选柱虽然具有构造简单,本机耗电量较低,易磨损件少,工艺流程简单,便于操作管理等优点,但其突出的缺点是在碱性矿浆中容易因充气器结钙堵塞而破坏生产过程,其次是起泡剂耗量大和不适于选别粗粒。多数现场的生产实践证明:浮选柱由于充气器堵塞、浮不好粗粒以及事故放矿等原因,使其平均回收率较机械式浮选机低1%以上。某铜矿采用旋流喷射器(其形状如水力旋流器,从切向送入尾矿,从轴向送入压缩空气)代替微孔介质充气器以后,生产指标接近了机械搅拌式浮选机。但注入旋流喷射器的尾矿,必须用砂泵扬送,耗电量较高。

4.6 影响浮选过程的因素

对于浮选过程,不但要研究浮选的对象,还必须研究与浮选有关的各种影响因素,例如磨矿细度、矿浆浓度、充气搅拌强度、矿浆温度等。

4.6.1 磨矿细度

磨矿细度必须满足下列要求,才能得到较好的浮选指标:

(1)有用矿物基本上达到单体解离,浮选之前只允许有少量的有用矿物与脉石的连生体。

(2)粗粒单体矿物的粒度,必须小于矿物浮游的粒度上限。

(3)尽可能避免泥化,浮选矿粒的直径小于0.01mm时,浮选指标明显下降,当粒度小于2μm时,有用矿物与脉石几乎无法分离。

4.6.2 矿浆浓度

矿浆浓度通常是指矿浆中固体矿粒的质量分数。选别作业和原料粒度不同,要求的矿浆浓度就不同。因此浮选的矿浆浓度可以从百分之几的固体含量到百分之五十左右的固体含量。一般规律是:

(1)浮选密度较大的矿物时,采用较浓的矿浆,对密度较小的矿物用较稀的矿浆。

(2)浮选粗粒物料采用较浓的矿浆,而浮选细粒或泥状物料则用较稀的矿浆。

(3)粗选和扫选采用较浓的矿浆,而精选作业和难分离的混合精矿的分离作业则应用较稀的矿浆,以保证获得质量较高的合格精矿。

常见的金属矿物浮选的矿浆浓度为：粗选25% ~45%，精选10% ~20%，扫选20% ~40%。粗选时最高范围可达50% ~55%，精选时最低范围为6% ~8%。

4.6.3 药剂制度

在浮选工艺过程中，添加药剂的种类、数量，药剂的配制方法，加药地点和顺序等，统称为药剂制度。

当药剂用量适当时，会获得良好的技术经济指标。当用量不足时，起不到该药剂应有的作用，当用量过大时，有时会起相反作用，例如捕收剂过量时，气泡过度矿化，泡沫层下沉，致使泡沫刮不出来，回收率下降。

加药地点应根据药剂的作用、发挥作用的时间等来确定。加药的一般顺序为：浮选原矿为调整剂→抑制剂→捕收剂→起泡剂；浮选被抑制的矿物为活化剂→捕收剂→起泡剂。

加药方式为：一是在粗选作业前，将全部药剂集中一次加完；二是沿着粗、精、扫的作业线分成几次添加。一般对于易溶于水、不易被泡沫带走、不易失效的药剂，可以集中添加。对于难溶于水的、在矿浆中易起反应而失效的，以及某些选择性差的药剂（油酸、松油等），应采用分批加药的方式。

分段加药时，一般在粗选前加入浮选药剂总量的50% ~80%，其余的分几批加入扫选或其他地点。

4.6.4 搅拌

浮选过程中对矿浆的搅拌，可以根据其作用分为两个阶段，一是矿浆进入浮选机之前的搅拌；二是矿浆进入浮选机以后的搅拌。前者是在调整槽中搅拌矿浆，起着加速矿粒与药剂的作用。在调整槽中搅拌时间的长短，应由药剂在水中分散的难易程度和它们与矿粒作用的快慢决定。如松醇油等起泡剂只要搅拌1 ~2min，一般药剂要搅拌5 ~15min，而用混合甲苯胂酸浮选锡石和重铬酸钾抑制方铅矿，则常常需要30 ~50min的搅拌时间，有时重铬酸钾所需的搅拌时间可以长达4 ~6h。

4.6.5 矿浆温度

浮选一般在常温下进行。有以下情况时需加温：促进难溶捕收剂的溶解；促进吸附过牢的药剂解吸；促进某些氧化矿物的硫化或者促进硫化矿物的氧化。例如，某选厂用油酸进行白钨与锡石分离时，将矿浆加温至50℃左右，得到了更好的浮选结果。

4.6.6 浮选时间

各种矿石最适宜的浮选时间，是通过试验研究确定的。当矿物的可浮性好、被浮矿物的含量低、浮选的给矿粒度适当、矿浆浓度较小时，所需的浮选时间就较短。反之，则需要较长的浮选时间。

粗选和扫选的总时间过短，会使金属的回收率下降。精选和混合精矿分离的时间过长，被抑制矿物浮游的机会也增加，结果使精矿的品位下降。

5 重力选矿

5.1 概述

重力选矿是一种历史悠久的选矿方法。在浮游选矿法出现之前，它在矿物选别生产中，起着重要的作用。和其他选矿方法一样，其任务是将矿石中的有用矿物和脉石矿物分开，以得到符合冶炼要求或便于下一步加工的产品。

5.1.1 重力选矿的基本概念

重力选矿法是根据各种矿物的密度（比重）和粒度不同来进行分选的，在一定程度上与矿物的颗粒形状有关。

重力选矿过程是在介质中进行的。作为介质的有水、空气、重液和重悬浮液。以空气为介质而进行选别的方法称做风力选矿；以重液和重悬浮液为介质的选矿称做重介质选矿。大多数情况下，是以水为介质进行选别的。

5.1.2 重力选矿的分类

根据重力选矿法所用设备及作用原理的不同，将重选分成以下几类：

（1）洗矿。利用机械力、水流冲力使黏土质分散后，按沉降速度（或粒度）不同进行分离，它是重力选矿辅助作业。在原矿中含泥（-0.074mm）较高（10%以上）时，常需要洗矿。

（2）水力分级。利用匀速运动的水流，使矿物按沉降速度（或粒度）分成不同级别，以便各粒级单独进行分选，它也是重力选矿辅助作业。一般给矿粒度为3mm以下。

（3）跳汰选矿。利用垂直脉动介质流使矿粒群松散、密集，并按密度分层，达到不同密度矿物相互分离。一般给矿粒度为20mm以下（指金属矿石，下同）。

（4）溜槽选矿。利用沿斜面流动的脉动水流，使不同密度矿物相互分离。一般给矿粒度为0.019~40mm。

（5）摇床选矿。利用床面往复运动所产生的惯性力和斜面薄水层的脉动水流冲力，使不同密度的矿物互相分离。一般给矿粒度为0.037~3mm。

（6）重介质选矿。利用浮沉原理使不同密度的矿物在重液或重悬浮液中互相分离。有时在选别作业前用此法除去大量（40%~50%）的脉石，以提高生产能力。一般给矿粒度为75mm以下。

上述各种选矿方法，都是以密度不同为主要依据的。但必须指出，在其他条件相同时，随着矿粒粒度减小，按密度分离的困难程度将增大。因此，为了使矿粒尽可能地按密度分离，物料在选别之前应脱除细粒级，或分级成粒度范围较窄的级别。

由于颗粒的重量较小，因而在重力场中按密度或粒度分离的速度和精确性大大减小，造成细粒级金属流失。为提高金属回收率，可采用以离心力场为原理的重力选矿设备，以及多种力综合作用的重力选矿设备，如离心选矿机、重介质旋流器、螺旋选矿机和螺旋溜槽、旋转螺旋溜槽等。

5.1.3　矿粒相对密度测定方法

矿粒的相对密度(δ)可以用称量法(粗粒)或比重瓶法(细粒)来测定。

称量法是分别称量矿粒在空气中和在水中的重量,根据阿基米德原理可按式(5－1)计算。

$$\delta = \frac{G}{G - G_0} \tag{5-1}$$

式中　G——矿粒在空气中的重量;

G_0——矿粒在水中的重量;

δ——矿粒的相对密度。

比重瓶法是用特制的比重瓶(或用小量筒、量杯),分别称量 G_1、G_2、G_3,然后按式(5－2)计算。

$$\delta = \frac{G_2}{(G_1 + G_2) - G_3} \tag{5-2}$$

式中　G_1——比重瓶加满水时,瓶加水的总重量;

G_2——矿粒在空气中的重量;

G_3——先将矿粒装于瓶中,然后将比重瓶装满水时,瓶、水及矿粒的总重量。

式(5－2)中的$(G_1 + G_2) - G_3$,实际上就是与该矿粒同体积的水的重量。

5.2　重力选矿的原理

5.2.1　矿粒及介质的性质

在重力选矿中,除矿粒的密度和粒度外,矿粒的形状对其亦有影响。由于不同形状的矿粒与介质发生相对运动时所受的阻力不同,所以它们在介质中的运动速度也不相同。球形的矿粒比薄板形的矿粒在水中沉降得要快。矿粒形状上的差异用形状系数χ表示。鉴于在各种形状的物体中,以球体的外观最规整,因此,通常取球形作为衡量矿粒的标准,其他形状的矿粒(密度、体积同球体)沉降速度,与球体的沉降速度之比,称为形状系数。各种形状的矿粒形状系数见表5－1。

表5－1　各种形状的矿粒形状系数

矿粒形状	球　形	浑圆形	多角形	长方形	扁平形
形状系数χ	1.0	0.72～0.91	0.67～0.83	0.59～0.72	0.48～0.59

与重力选矿有关的介质的性质,主要是介质的密度和黏度。若用悬浮液选矿,则悬浮液的稳定性对重力选矿过程亦有影响。重力选矿中所使用的介质主要是水和悬浮液。

重力选矿是一种古老的选矿方法,在两千多年以前我国的汉代就曾用重力选矿法处理锡矿石。该法的特点是简单实用,成本低廉,所以至今仍然被广泛采用。目前处理钨、锡矿石及煤仍以重力选矿为主。在选别某些有色金属矿石及黑色金属矿石方面,也逐渐采用重力选矿法或重力选矿法与其他选矿方法的联合流程,以提高选矿厂的处理能力和实现有用矿物的综合回收。

5.2.2　矿粒在介质中的运动规律

在真空中,不同性质的矿粒,不论其密度、粒度和形状如何,若都从静止开始沉降,它们都以加速度 g 下落,不会出现运动的差异,也就不可能产生分选作用。但是矿粒在介质中运动就不然，不仅受到重力，还要受到介质的浮力和介质阻力，由于介质作用在不同性质矿粒上的浮力和阻力大小不同，就会出现运动的差异，才使分选成为可能。

矿粒处于介质之中，其所受到的重力是指矿粒在介质中的重量，其值等于矿粒在真空中的重力减去浮力，其值随着矿粒体积（粒度）、矿粒密度的增大而增大，而随介质密度的增大却减小。

矿粒对介质做相对运动时，作用于矿粒上并与矿粒的相对运动方向相反的力，称为介质阻力。

矿粒在介质中运动时受到的介质阻力 R，可以从日常的生活经验中知道，是与矿粒的粒度 d 和形状 χ，介质的密度 ρ 和黏度 μ，矿粒与介质的相对运动速度 v，以及矿粒运动的取向 φ 有关。

5.2.3 自由沉降和干涉沉降

在重力选矿实践过程中，介质内存在大量的矿粒，即矿浆浓度有的大有的小。当矿浆浓度稀时（容积浓度小于3%），矿粒在其中沉降除受到介质阻力外，周围矿粒和器壁对其直接的干涉（即机械阻力）很小，可忽略不计。这种沉降称作自由沉降。当矿浆浓度增大后，矿粒受到周围矿粒的直接摩擦和碰撞，以及它们间接通过介质而来的干涉增大，而且浓度越大，机械阻力越大，干涉作用越强。此时的沉降称做干涉沉降。

矿粒在静止介质中沉降时，只受到重力和介质阻力的作用。当矿粒在重力作用下开始沉降时，重力大于阻力，加速度方向与重力方向相同且较大，因而速度渐增，阻力也随之增大，矿粒所受的合力减小，加速度也减小。当矿粒的沉降速度达到某一定值时，阻力与重力相平衡，这时加速度等于零，矿粒等于不受外力的作用，速度将不发生变化，矿粒一直以这一速度沉降下去。此沉降速度称作矿粒自由沉降末速，通常以 v_0 表示。

由于矿粒的自由沉降末速与矿粒的密度、粒度和形状有关，因而在同一介质中，密度、粒度和形状不相同的矿粒，在特定条件下，可以有相同的自由沉降末速度，这类矿粒称为等降粒，这种现象称为等降现象。等降现象在重力选矿中具有重要的意义。由不同密度组成的矿粒群，在用水力分级方法测定其粒度组成时，可以看到，同一级别中轻矿物颗粒普遍比重矿物粒度要大些，轻矿物粒度与重矿物粒度之比值应等于等降比。

由于性质不同的矿粒群在干涉沉降时的规律目前还不太清楚，因此在后面讨论各个过程中矿粒的运动时，仍不能不以矿粒自由沉降规律以及简单形成的干涉沉降规律作为认识复杂现象的基础。

5.3 水力分级

5.3.1 概述

5.3.1.1 *矿粒在三种运动形式的介质中的分级*

水力分级是根据矿粒在运动介质——水中沉降速度不同，将宽级别矿粒群分为若干个粒度不同的窄级别的过程。

在分级作业中，介质大致有三种运动形式：垂直上升的运动；接近水平的运动和回转运动。在上升水流中，不同粒度的矿粒，则根据其自由沉降或干涉沉降速度与上升水流速度之差，或者向上运动，或者向下运动。沉降速度大于上升水流速度的粗颗粒，将沉积到容器底部，作为沉砂排出。沉降速度小于上升水流速度的矿粒，则向上运动由容器上端排出，成为溢流。如果要得到多个粒级产物，则可将第一次分出的溢流（或沉砂）在流速依次减小（或增大）的上升水流中继续沉降分离。

在接近于水平流动的水流中进行分级时，矿粒在水平方向运动的速度，与水流速度大致相同，而在垂直方向则依粒度、密度、形状不同而有不同的沉降速度。粗矿粒较早地沉降下来落在槽底成为沉砂，细矿粒则随水流流出槽外成为溢流。分级过程仍按矿粒沉降速度差进行，如图5－1所示。

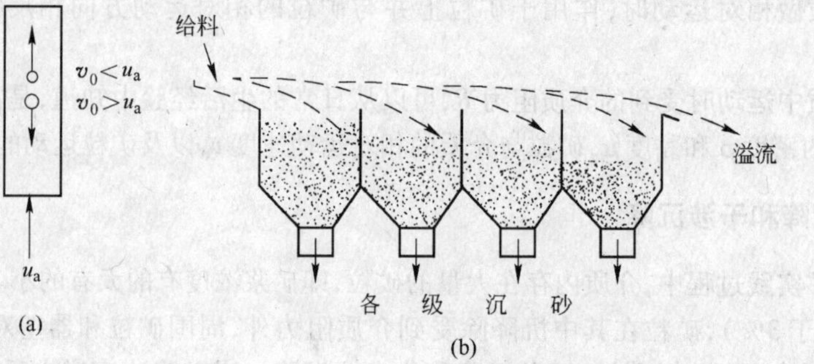

图5－1　矿粒在垂直上升或接近水平流动的水流中分级
(a)垂直流；(b)水平流

在回转流中，矿粒是按径向的速度差分离，水流的向心流速是决定分级粒度的基本因素。水流的向心流速即相当于上述的垂直上升流速，离心沉降速度大于水流向心流速的粗矿粒将进入沉砂，离心沉降速度小于水流向心流速的细矿粒则进入溢流。

5.3.1.2　水力分级与筛分产物的区别

生产实践中，水力分级的给矿是由粒度、密度及形状均不相同的矿粒群组成。而矿粒的沉降速度不仅和粒度有关，而且和密度、形状以及沉降条件（干涉条件）有关。因此分级产物和筛分产物不同，不是粒度均匀的颗粒，而是沉降速度相同的等降颗粒，即密度大的粒度小，密度小的粒度大。

筛分多用于处理粒度大于2～3mm的物料。细粒物料用筛分进行分级时的生产率和筛分效率很低，筛网不易制造，筛面强度亦不够。因此，对小于2～3mm的物料的分级常采用水力分级。

5.3.1.3　水力分级作业的用途

(1)重力选矿前的准备作业，用来减少粒度对选别的影响；

(2)与磨矿机联合工作，控制磨矿产品粒度；

(3)对原矿或选别产物进行脱泥、脱水；

(4)测定微细粒物料（多为－74μm）的粒度组成。

5.3.2　水力分级机

用于分级的设备有机械排矿式槽型分级机和圆锥分级机等。本节主要介绍水力旋流器。

水力旋流器是一种利用离心力的分级设备，由于它构造简单，便于制造，处理量大，且工艺效果良好而被迅速推广使用。目前水力旋流器已被广泛地用于选矿、选煤以及化学工业等部门作为分级、脱泥、浓缩以及选矿之用。水力旋流器是当前最有效的细粒分级设备。

水力旋流器的构造很简单，如图5－2a所示。主要是由一个空心圆柱体1和圆锥体2连接而成。圆柱体的直径代表旋流器的规格，它的尺寸变化范围很大，为50～1000mm，常用范围为125～500mm。在圆柱体中心插入一个溢流管5，沿切线方向接有给矿管3。在圆锥体下部留有沉砂口4，矿浆在$0.5 \sim 3.0 \times 10^5$Pa下沿给矿管给入旋流器内，随即在圆筒形器壁限制下做回转运动。粗颗粒因惯性离心力大而被抛向器壁，并逐渐向下流动由底部排出成为沉砂。细颗粒向器壁移动的速度较小，被朝向中心流动的液体带动由中心溢流管排出，成为溢流。在正常情况下，旋流器中心部分可成为一个没有矿浆的空气柱，如图5－2b所示。

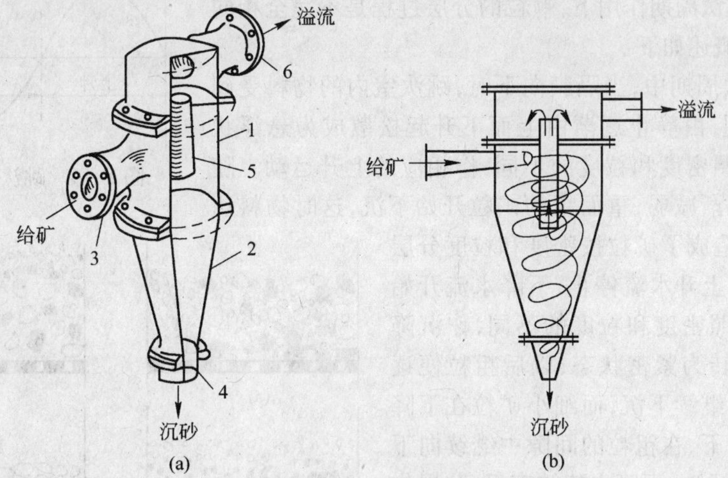

图5－2　水力旋流器

（a）水力旋流器构造；（b）水力旋流器的工作情形

1—圆柱体；2—圆锥体；3—给矿管；4—沉砂口；5—溢流管；6—溢流管口

5.4　跳汰选矿

5.4.1　概述

跳汰选矿是重力选矿的主要方法之一，广泛地应用在粗粒物料的分选上。跳汰过程的实质是，使不同密度的矿粒群，在垂直运动的介质（水或空气）流中按密度分层。矿粒的粒度和形状对矿粒群按密度分层也有影响。因此，跳汰的结果是不同密度的矿粒在高度上占据不同的位置：大密度的矿粒位于下层，称做重产物；小密度的矿粒位于上层，称做轻产物。在生产过程中，原料不断地给入跳汰机中，而重产物及轻产物不断地排出，这样就形成了连续不断的跳汰过程。

5.4.1.1　跳汰机的基本构造

在金属矿山中，使用的都是以水为介质的水力跳汰机。现在以一种常用的跳汰机为例，来说明跳汰机的基本动作，如图5－3所示。

机体的主要部分是固定水箱1，水箱被隔板2分为两部分，右面是隔膜室，左面是跳汰室。隔膜3在隔膜室中，因偏心轮4的旋转，使隔膜做上下往复运动，这样就使筛板5处的水，产生上下交变的水流。物料给到筛板5上，在上下交变的水流作用下按密度分层。

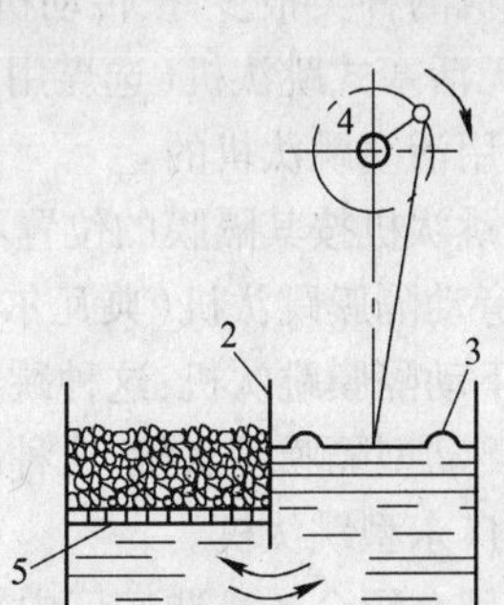

图5－3　跳汰机结构示意图

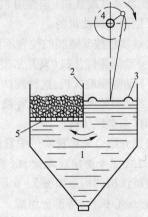

1—水箱；2—隔板；3—隔膜；4—偏心轮；5—筛板

5.4.1.2　跳汰过程中矿粒的分层情况

在不同的跳汰机中，由于使水产生运动的外力不同，而有不同的水流运动情况。水的运动完成一个循环，称做一个跳汰周期。在一个周期内，水的运动速度大小及方向都是随着时间的变化而变化的。表示水的运动速度与时间的关系曲线，称为跳汰周期曲线，如图 5-4 所示。

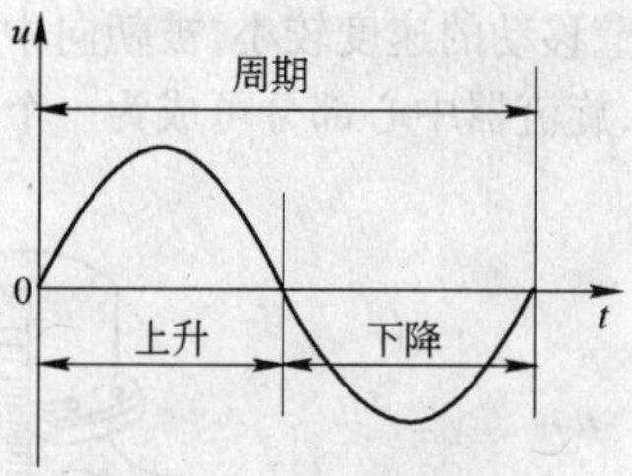

图 5-4　跳汰周期曲线

在不同的跳汰周期作用下，颗粒的分层过程是不完全相同的，但一般可以概述如下：

在一个跳汰周期中，当隔膜向下时，跳汰室内的物料受到上升水流的作用，由静止逐渐由上而下升起松散成为悬浮状态，这时矿粒按照密度和粒度的不同，作相应的上升运动。随着上升水流的逐渐减弱，重而粗的矿粒开始下沉，这时物料达到最大的松散，造成了矿粒按密度和粒度分层的有利条件。当上升水流停止，下降水流开始时，这时矿粒按照密度和粒度的不同，作沉降运动，物料逐渐转为紧密状态，以后粗粒便逐渐受到干涉不能继续下沉，而细小矿粒在下降水流的继续作用下，在粗粒的间隙中继续向下运动（“钻隙运动”）。下降水流结束后，分层作用停止，即完成了一次跳汰。在每次跳汰中，矿粒都受到一定的分选作用，达到了一定的分层。经过多次反复后，分层就更为完全，基本上形成了四个分层：最上层的是小密度的粗颗粒；其下面是小密度的细颗粒和一部分大密度的粗颗粒；再下面是大密度的粗颗粒；而最下层的是大密度的细颗粒，如图 5-5 所示。图中黑色的表示大密度的颗粒，白色的表示小密度的颗粒。

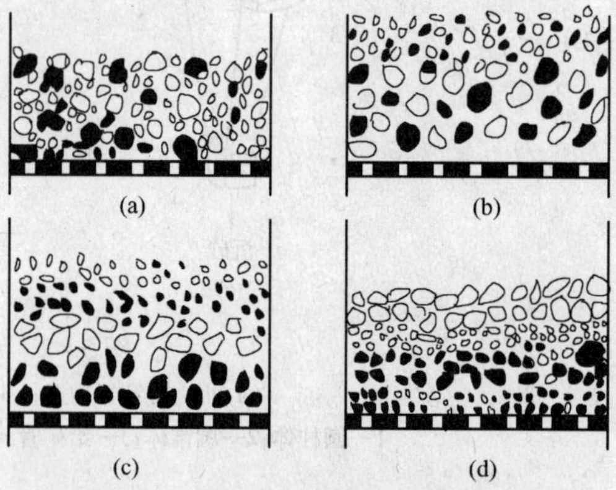

图 5-5　跳汰过程中矿粒的分层情况

（a）分层前床层的状态；（b）上升水流初期床层的状态；（c）上升水流末期床层的状态；（d）分层后床层的状态

5.4.2　常用的跳汰机

跳汰机的种类很多，按传动机构的形式分，有偏心连杆式跳汰机（包括活塞跳汰机和隔膜跳汰机）和无活塞式跳汰机（选煤用）。活塞跳汰机目前已经被隔膜跳汰机取代，但在国外个别矿山还有采用活塞跳汰机的。

隔膜跳汰机按其隔膜的位置不同，又可分为以下几种。

（1）旁动隔膜跳汰机（典瓦尔型跳汰机）：这种跳汰机的隔膜室位于跳汰室的一旁。

（2）下动隔膜跳汰机：这种跳汰机的隔膜位于跳汰室之下。如下动圆锥隔膜跳汰机。

（3）侧动型隔膜跳汰机：这种跳汰机的隔膜位于跳汰室的一侧。如梯形跳汰机、吉山-Ⅱ型跳汰机和广东型跳汰机。

现分别介绍金属矿选矿厂中常用的几种跳汰机。

5.4.2.1　*旁动隔膜跳汰机（典瓦尔型跳汰机）*

这种跳汰机的构造如图 5-6 所示。它由机架、跳汰室、隔膜室、网室、橡胶隔膜、分水阀以及传动装置（偏心机构）等部分组成。

机体在整个长度上分为两段，每段的上部用隔板分成互相连通的跳汰室 9 和隔膜室 8。机体下部是两个角锥形的水箱，它固定在机架 10 上。机体上部是电动机 1 及筛下补加水分水器 3。机体用钢板焊接而成。

隔膜 6 为椭圆形，由金属板与橡皮圈组成。金属板在水平方向通过橡皮圈分别与机壁和隔

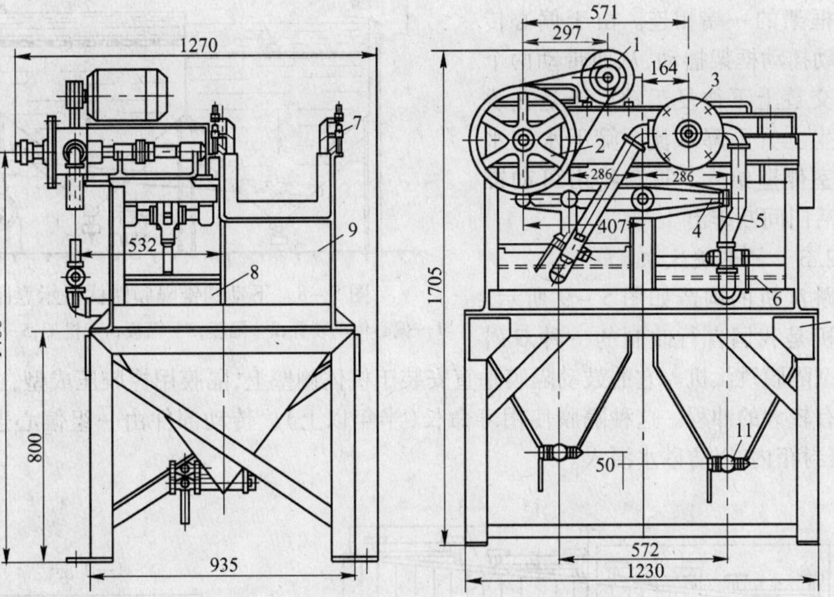

图 5-6 300mm × 450mm 旁动隔膜跳汰机

1—电动机;2—传动装置;3—分水器;4—摇臂;5—连杆;6—橡胶隔膜;7—筛网压板;8—隔膜室;9—跳汰室;10—机架;11—排矿活栓

板相连,在垂直方向与连杆5相连。两个隔膜的连杆5用摇臂4连在一起。摇臂的一端同套在主轴上的偏心轮的连杆铰接在一起。电动机通过三角皮带带动主轴旋转,由偏心连杆机构的传动使摇臂摇动,于是两个连杆带动两室隔膜做交替的上升下降往复运动,迫使跳汰室内的水也产生上下交变运动。

跳汰室9内水平装设筛板,用以盛装矿石。跳汰时由分水器3经水管间断地给进筛下水。分水阀内有一旋转的活瓣,活瓣的轴用链条与主轴相连,主轴通过链条而使活瓣旋转。当隔膜上升时,活瓣打开,引入筛下水,以降低下降水流速度,减弱吸入作用。当隔膜下降时,活瓣关闭,停止给入筛下水,以免产生过大的上升水流。

旁动隔膜跳汰机用于粗粒钨矿选别时,使用分水阀后,水量显得不足,影响床层松散,所以钨矿选厂大多采用连续给入筛下水的操作制度,而不用这种水阀。筛下水由恒压水池(箱)供给。水箱底部安有精矿排矿活栓11,用以间接地排出透过筛的重产物。

跳汰室中选得的筛上重产物(粗粒精矿),用中心套筒装置排出,如图5-7所示。筛下精矿从水箱底部的排矿阀门排出。

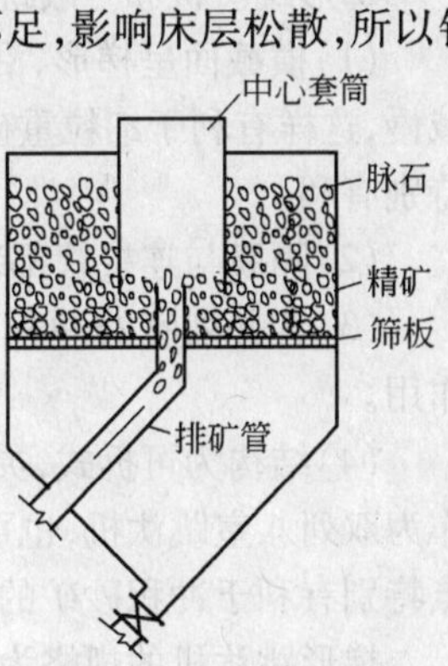

图 5-7 旁动隔膜跳汰机中心套筒排矿装置

旁动隔膜跳汰机在我国钨锡选矿厂普遍采用,国产规格多为300mm × 450mm(跳汰室筛面宽 × 长)。

5.4.2.2 下动圆锥隔膜跳汰机

下动圆锥隔膜跳汰机的构造示意图如图5-8所示。

这种跳汰机也分为两段,每段有跳汰室和隔膜室,但隔膜室位于跳汰室之下。隔膜室是一个可动的倒立圆锥体,用橡皮圈与跳汰室下部的锥形部分相连。可动圆锥体与摇动框架5相连,摇动框架

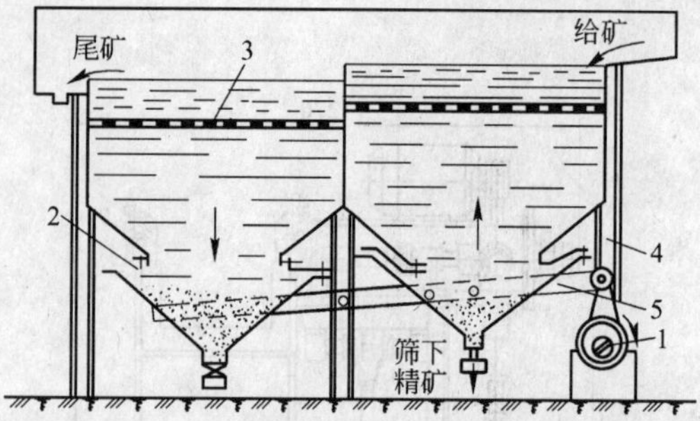

图5-8 下动圆锥隔膜跳汰机示意图

1—偏心传动装置;2—隔膜;3—筛板;4—机架;5—摇动框架

的中央与机架4铰接,偏心传动装置的连杆与摇动框架的一端相连。由于偏心传动机构带动摇动框架摇动,从而带动两个可动锥体交替上下往复运动。于是在跳汰室中产生上升下降水流。筛下水由水管从跳汰室侧壁给入。重产物由可动锥体底部的活门间断排出。

5.4.2.3 梯形跳汰机

这种跳汰机的构造如图5-9所示。梯形跳汰机是我国自行改制的一种双列八室侧动型隔膜跳汰机。它的鼓动隔膜垂直安装于机体侧壁上,隔膜用橡胶压成型,这样的形状可以允许有较大的冲程。这种隔膜使用寿命长(半年以上)。传动部件由一组偏心连杆机构组成,装在密封箱内,以防砂水浸入。

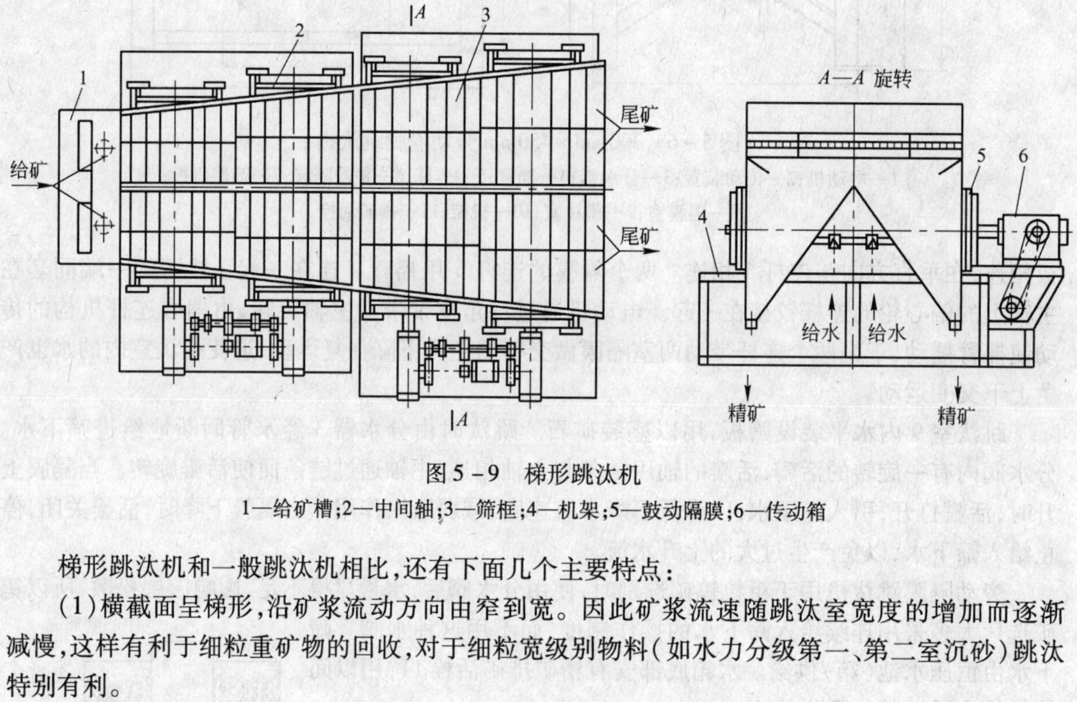

图5-9 梯形跳汰机

1—给矿槽;2—中间轴;3—筛框;4—机架;5—鼓动隔膜;6—传动箱

梯形跳汰机和一般跳汰机相比,还有下面几个主要特点:

(1)横截面呈梯形,沿矿浆流动方向由窄到宽。因此矿浆流速随跳汰室宽度的增加而逐渐减慢,这样有利于细粒重矿物的回收,对于细粒宽级别物料(如水力分级第一、第二室沉砂)跳汰特别有利。

(2)隔膜与连接管都装在机体外面,维修和更换隔膜都很方便。

(3)各并列室的冲程、冲次可分别单独调节,组成不同的跳汰制度,以充分发挥每个室的作用。

(4)结构为可拆式,灵活性大。其机体做成两部分,中间用螺栓连接,便于拆卸搬运。可以作为双列八室跳汰机,也可以拆开作为双列四室跳汰机。作为双列八室时,也可以单列使用。这点特别有利于冲积砂矿的跳汰。

梯形跳汰机的规格为(1200~2000)mm×3600mm(给矿端宽1200mm,尾矿端宽2000mm,全长3600mm)。

梯形跳汰机近年来在我国锡、铁、钨、锰等重选厂得到了广泛应用,适应的选别粒度范围一般为0.2~10mm。

5.4.3 影响跳汰过程的因素

影响跳汰机工作的因素很多,但可以分为三大类:跳汰机本身的结构、操作因素和矿石性质。

5.4.3.1 跳汰机结构方面的影响

(1)跳汰室筛面面积:它是影响生产率的重要因素。增大筛面面积,可增大跳汰机的生产率。经验证明,筛面宽度不应超过1.5~2m。一般跳汰机筛面的长度和宽度之比为1~1.8。

(2)筛孔的大小:筛孔尺寸由给料的粒度和重产物排出的方法来决定。在处理粗粒级物料时,从筛口排出重产物,筛孔大小应小于给矿中最小颗粒的粒度。但一般筛孔不应小于2mm。在应用人工床层的跳汰机中,重产物是透过筛板排出的,因此筛孔应大于给料中的最大颗粒。

(3)跳汰室的数目:跳汰室的多少取决于物料性质、给矿量及对产品的质量要求。当给矿量大,入选物料粒度较细,重产物与脉石矿物密度差别小,矿石性质比较复杂时,跳汰室数应较多。如要求得出纯净的尾矿,跳汰室数也应较多。一般来说,常见的跳汰机是2~4个跳汰室,而以两个跳汰室为最普遍。

(4)跳汰机水箱的形状:水箱的形状应能使鼓动水流垂直地通过筛板,并均匀地分布在筛面上。圆底水箱便于水的流动,可减少水的阻力。但筛下重产物排出困难。锥形水箱筛下重产物可自流排出。为便于收集重产物,有的跳汰机采用三面倾斜的水箱。一般跳汰机以采用角锥形水箱者为最多。

(5)跳汰机的给料装置:给料装置应能保证物料沿整个筛面宽度均匀分布,并且不应使物料进入跳汰机时,向下的冲力过大,否则会使首端的床层被冲乱,小密度矿粒混入重产物中。为此,给料溜槽应控制适当的坡度。

5.4.3.2 跳汰机操作方面的影响

(1)冲程和冲次:冲程和冲次决定水流速度和加速度,影响床层的松散和水流对矿粒的作用,以致影响分选效果。

大的冲程和小的冲次可使床层冲得高些,并在较长时间内保持松散,有利于粗矿粒的相互转移,因此一般适于处理粗粒矿石。

冲程小而冲次大时,虽然床层较低,但循环次数多,加快了细粒矿石的分层。这种制度一般适用于处理细粒矿石。

(2)筛下补加水:筛下补加水的作用,是减弱下降水流的吸入强度以提高精矿质量,并且可以增强上升水流,以增强床层的松散度,有利于矿粒尤其是粗矿粒按密度分层。

一般来说,入选物料负荷大、粒度粗、矿物密度大、物料层厚度大或是床层过紧时,补加水用量大;反之,补加水用量少。

(4)给矿浓度:给矿浓度是决定入选物料在跳汰过程中的水平流动速度的因素之一。浓度过小,物料的流动速度过大,不能得到充分跳汰,会导致尾矿中有用矿物含量增高,甚至会破坏床层的正常状态。另外,浓度过小,水量过多,还会给下一个工序带来不便。浓度过大,则不利于物料按密度分层,会导致回收率降低。适宜的给矿浓度一般为20%~40%,以物料能自动流入跳汰机为宜。

(5)处理量:当处理量增加并超过一定范围时,会使有用矿物更多地损失于尾矿中;处理量减少并超过一定范围时,则会降低精矿质量。

一般来说,入选物料的粒度越粗、可选性越好、水平流运输作用越强、重矿粒的下降速度越快,跳汰机的处理能力就越大;反之则越小。

5.4.3.3　*矿石性质的影响*

矿石的性质对跳汰选矿来说,最重要的是粒度组成和密度组成。矿石的密度组成决定了物料的可选性。物料中轻重矿物的密度差越大,分选效率越高。中间密度的矿物或连生体多,分选效率降低,跳汰机的生产能力也降低。

矿石的粒度组成决定床层的性质,水要克服床层的阻力,通过颗粒间的空隙,因此对床层的松散和分层有很大的影响。

5.5 摇床选矿

5.5.1 概述

摇床选矿法是选别细粒矿石应用最成功、最广泛的重力选矿法之一。它不仅可以作为一个独立的选矿方法,往往还与跳汰、浮选、磁选以及离心选矿机、螺旋选矿机、皮带溜槽等其他选矿设备联合使用。

摇床是一个矩形或近似矩形的宽阔床面,如图5-10所示。床面微向尾矿侧倾斜,在床面上钉有床条,或刻有槽沟。由给水槽给入的洗水沿倾斜方向成薄层流过。由传动端的传动机构使床面作往复不对称运动。床面每分钟来回运动的次数称做冲次,床面前进和后退的距离称做冲程。当矿浆给入给矿槽内时,在水流和摇动的作用下,不同密度的矿粒在床面上呈扇形分布。

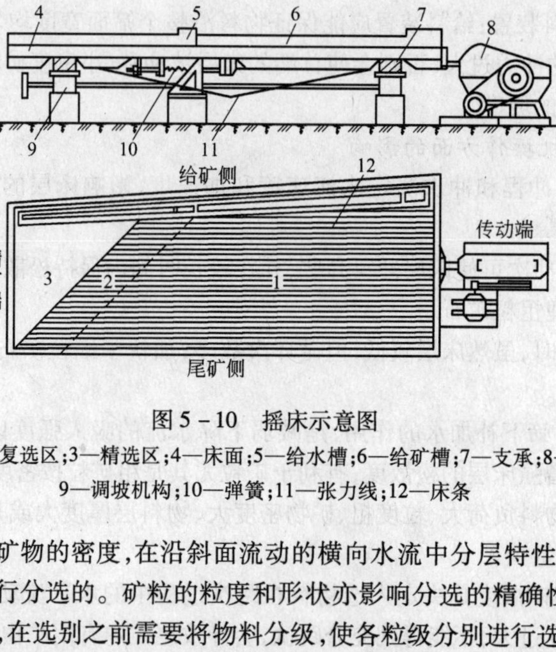

图5-10　摇床示意图
1—粗选区;2—复选区;3—精选区;4—床面;5—给水槽;6—给矿槽;7—支承;8—传动机构;
9—调坡机构;10—弹簧;11—张力线;12—床条

摇床选矿法是根据矿物的密度,在沿斜面流动的横向水流中分层特性以及纵向摇动和床面上床条的综合作用来进行分选的。矿粒的粒度和形状亦影响分选的精确性。因此,为了提高摇床的选别指标和生产率,在选别之前需要将物料分级,使各粒级分别进行选别。

摇床选矿法除广泛用于处理钨、锡外,铁、锰、砷和含金的矿石和砂矿也广泛应用。还用来处理稀有金属矿石,黑色金属矿石和煤。在浮选未应用之前,亦广泛用于选别有色金属矿石。

5.5.2 摇床的构造、选别原理及影响摇床工作的因素

5.5.2.1　*摇床的构造及选别原理*

摇床的分类:根据所处理矿石的粒度可分为矿砂摇床和矿泥摇床;根据选别作业的任务可分为粗选摇床和精选摇床;根据所处理的物料,可分为选矿摇床和选煤摇床;根据床面的形状不同,

则有长方形摇床面、菱形摇床面与梯形摇床面；按床头构造来分，主要有凸轮杠杆摇床，偏心连杆摇床和弹簧摇床。

摇床主要由床头、床面和机架三部分组成。

A 床头

床头是摇床的重要组成部分。它的作用是促使床面槽沟内矿粒群的松散和分层，以及将床面槽沟底部的大密度矿粒运往精矿端。按床头所产生的往复运动特性来讲，可分为不对称运动的和对称运动的两种床头。

我国目前生产上常用的摇床的床头是属于不对称运动的，只有采用弹性支承的快速摇床的床头才是对称运动的。

本节只介绍凸轮杠杆床头，凸轮杠杆床头又称贵阳床头，如图5－11所示。主要由传动偏心轴、台板、卡子和摇臂四个零件组成。当传动偏心轴8转动时，滚轮7也同时作自由旋转（滚轮转得很慢）并紧压台板10，台板绕台板偏心轴9作上下运动，由卡子11将台板的运动传给绕定轴作左右摆动的摇臂1，摇臂的上臂通过丁字头6，连接叉4和拉杆3与床面相连接。当传动偏心轴向下运动时，床面下边的弹簧被压紧，床面后退；当传动偏心轴向上运动时，床面下被压缩的弹簧伸开，床面前进。调节螺丝杆5可使丁字头上下移动，改变床面冲程的大小。整个机构都封闭在铸铁箱内，箱内下半部装有机油。

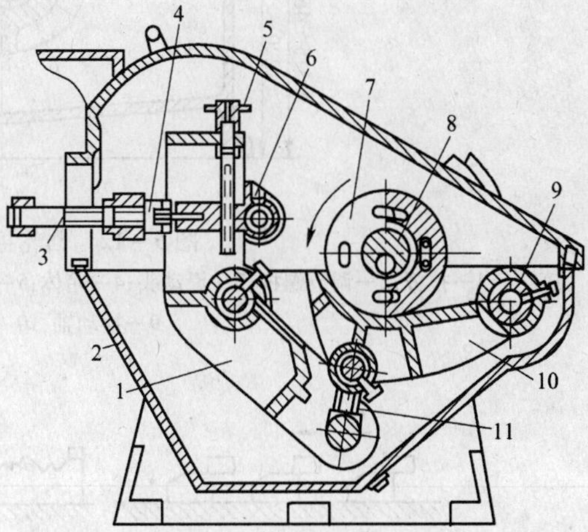

图5－11 凸轮杠杆床头

1—摇臂；2—床头箱；3—拉杆；4—连接叉；5—冲程调节螺杆；6—丁字头；7—滚轮；8—传动偏心轴；9—台板偏心轴；10—台板；11—卡子

床头运动的特性是影响摇床分选的主要因素。床头运动特性的好坏主要决定于在床面后退行程的初期是否有较大的加速度。

凸轮杠杆床头逆时针方向转动。

除凸轮杠杆床头外，还采用另一种简化的凸轮杠杆式床头，称为凸轮摇臂式床头，如图5－12所示。这种床头直接由偏心轴上的滚轮5推动摇臂8运动。在图中偏心轮是逆时针回转的，因而可使床面后退的时间小于前进的时间，且造成了负向速度变化大于正向速度变化，从而形成有运搬作用的差动运动。摇动轴9有4mm偏心距，轴的一端伸出箱外，摇动轴9即可改变滚轮与摇臂的接触点位置，从而调节床面的差动性。

B 床面

摇床床面形状有各种各样的。常用的有矩形、梯形和菱形的。它一般必须具有下列性能：结构参数合理，选矿性能好，适应给矿性质特点和产品要求，抗磨、抗腐蚀、不透水、不变形、具有适当的粗糙性。

床面多用杉木制成，为了使床面不受水的浸蚀而很快腐烂，床面采用生漆、漆灰（生漆与煅石膏的混合物）、玻璃钢或聚氨酯作耐磨层。铺面应有一定的摩擦系数，以保证不同密度的矿粒得到最好的分离。床面上纵向钉有床条。

床条的形状有很多，目前我国常见的有以下几种，见图5－13。

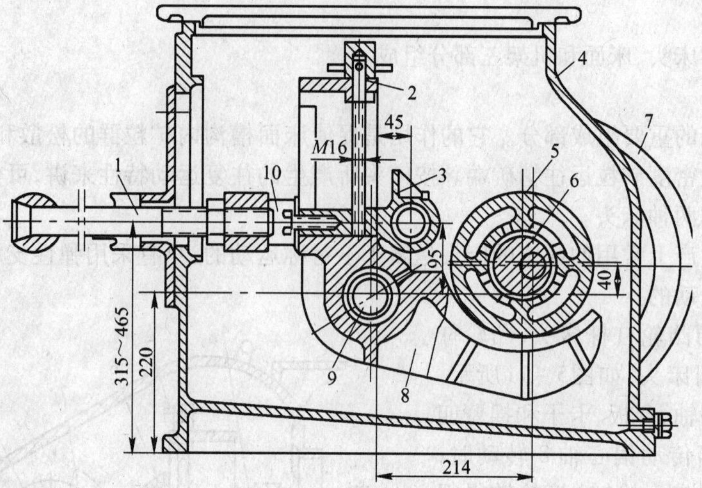

图 5－12　凸轮摇臂式床头

1—拉杆；2—调节螺杆；3—滑动头；4—箱体；5—滚轮；6—偏心轴；7—皮带轮；8—摇臂；9—摇动轴；10—连接叉

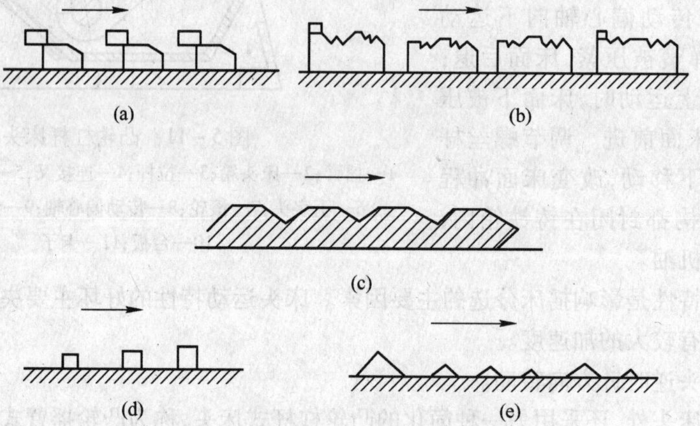

图 5－13　常用床条断面形状示意图

常见的摇床床面主要有云锡床面、6－S 床面、弹簧床面三种。

以云锡床面为例详细说明。云锡床面又可分为粗砂床面、细砂床面和刻槽床面三种。这三种床面外形都近似梯形。

床面槽沟尖灭点的连线与尾矿侧床边的夹角称摇床的尖灭角。云锡粗砂床面的尖灭角有两个，开始为 32°30′，最后为 42°，见图 5－14。细砂床面的尖灭角为 45°，见图 5－15。刻槽床面的尖灭角为 40°，见图 5－16。

云锡床条分粗砂床条（形状如图 5－14a 所示）、细砂床条（形状如图 5－15a 所示）、刻槽床条（形状如图 5－16a 所示）。粗砂床面的床条共 28 根，细砂床面的床条有 27 根。刻槽床面其槽沟共有 60 条。

为了提高精矿质量，云锡摇床床面在纵向均设有坡度，矿粒在槽沟底部纵向爬坡直至尖灭到

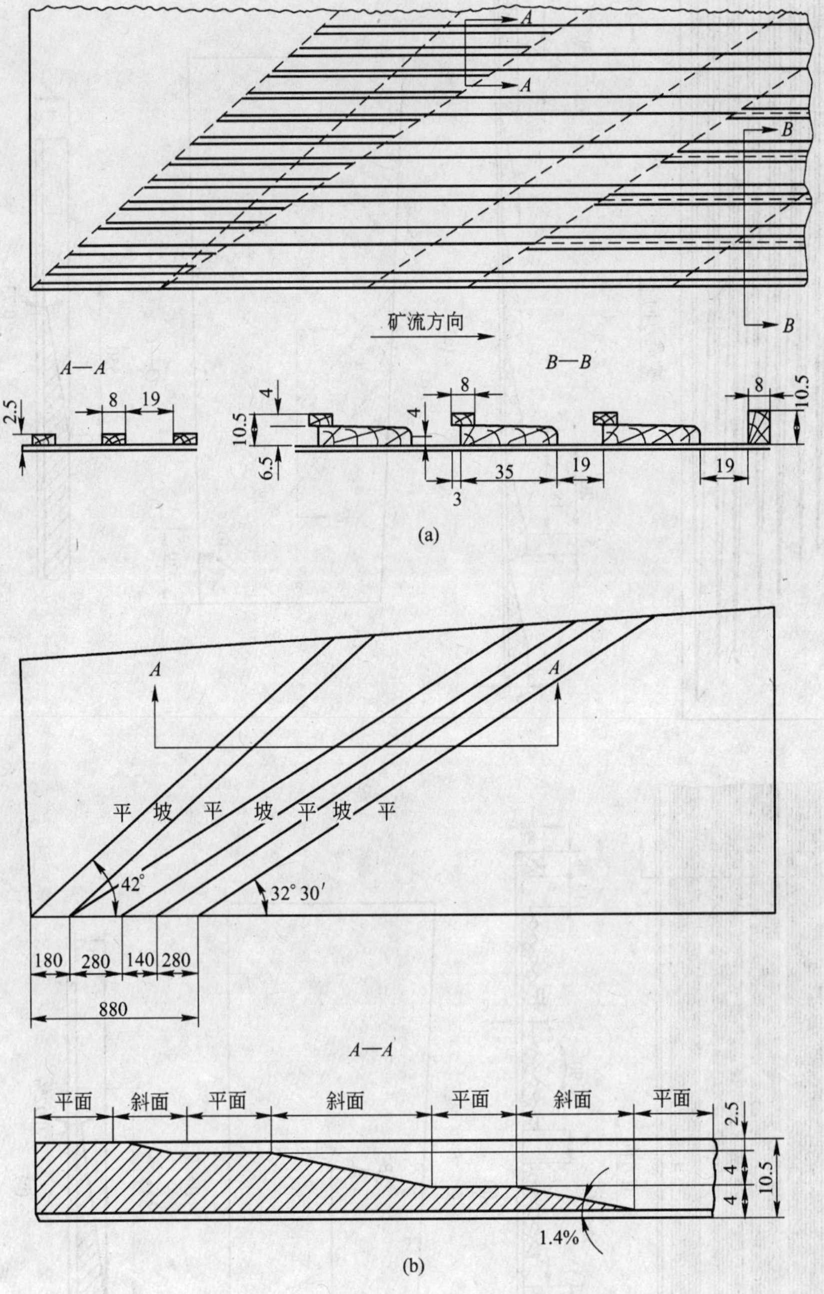

图5-14 云锡粗砂床面示意图

(a)床条示意图;(b)纵向坡度示意图

平面精选区。粗砂床面纵向坡度为三坡四平,如图5-14b所示。细砂床面纵向坡度为一坡二平,如图5-15b所示。刻槽床面纵向坡度为一坡二平,如图5-16b所示。后两种床面因为处理的矿石粒度较细,所以纵向爬坡角度较小。

云锡床面的特点:有坡,大密度矿粒要经过爬坡才能到达精选区。有利于提高精矿质量。床

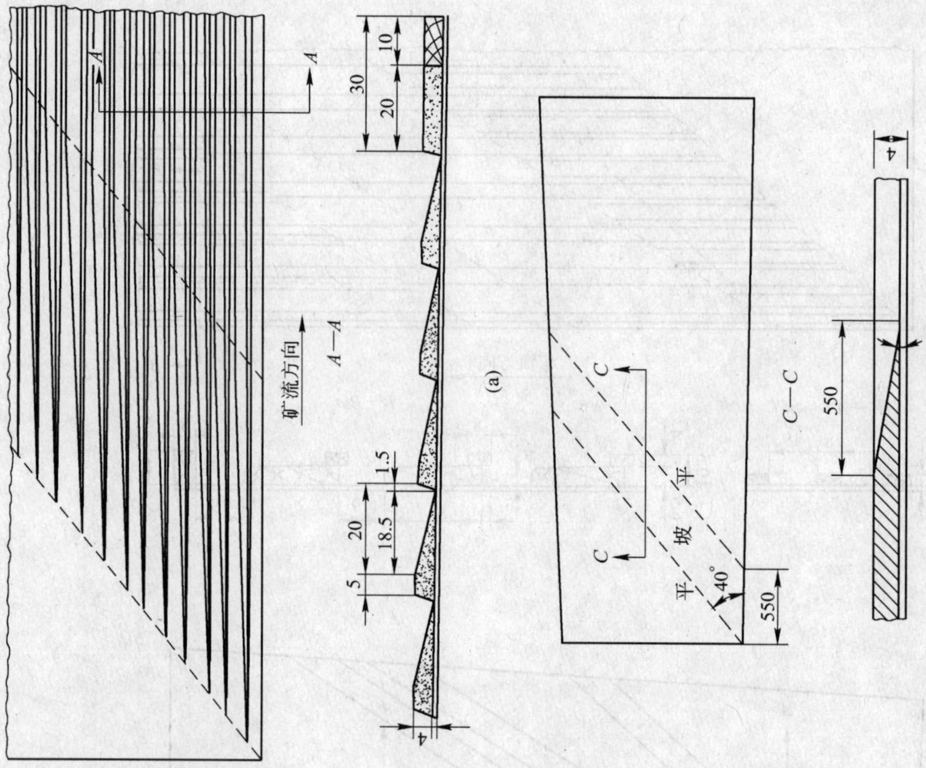

图 5-16 云锡刻槽床面示意图
(a)床条示意图;(b)纵向坡度示意图

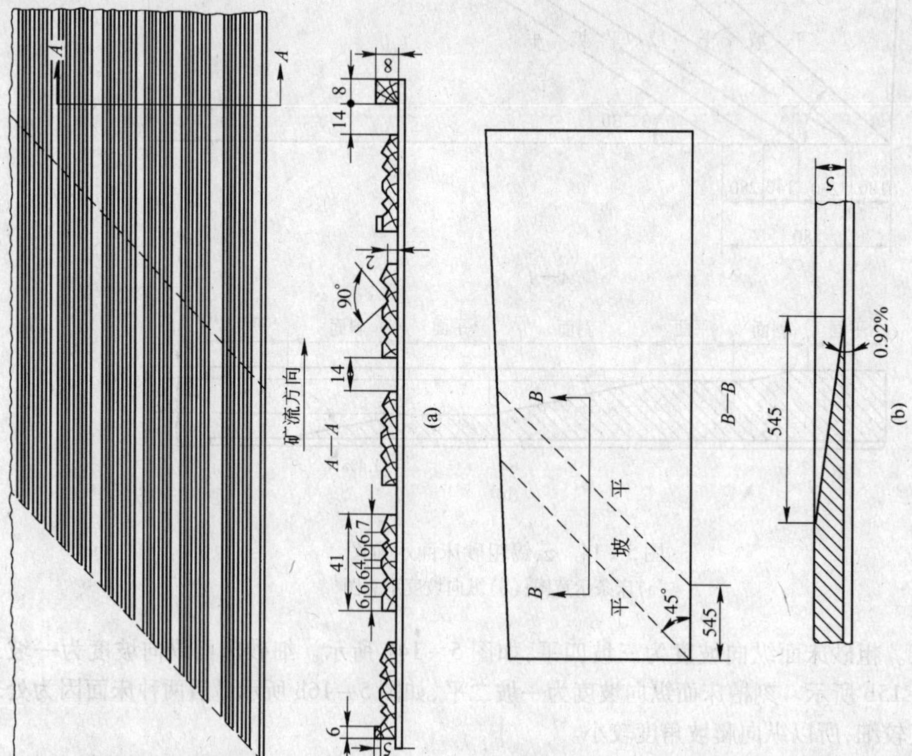

图 5-15 云锡细砂床面示意图
(a)床条示意图;(b)纵向坡度示意图

面平整,不易变形,便于局部修理。床面抗腐蚀,制作时粗糙度可控制,并且有较好的抗磨性能。

现在床面采用生漆、漆灰(生漆与煅石膏的混合物)、玻璃钢或聚氨酯作耐磨层。

C 机架

摇床的机架包括支承机构和调坡机构两部分。

(1)支承机构:支承机构决定着床面的运动轨迹。常见的支承机构有滑动支承、滚动支承、摇动支承和弹性支承四种。

以滑动支承为例,床面下以滑块支承在滑块座上,床面运动轨迹为直线,如图5-17所示。这种支承运转平稳,可靠、不易磨损,但阻力较大。云锡摇床使用这种支承。

(2)调坡机构:摇床的横向调坡机构一般都安装在摇床下面。我国现行的调坡机构主要有以下几种:

云锡摇床调坡机构:它由滑动轴承和楔块构成,如图5-18所示。其特点是构造简单,成本低,调节容易而且较准确,不易磨损。云锡摇床和弹簧摇床都采用这种调坡结构。它的调坡范围较小,为3°~8°。

5.5.2.2 *影响摇床选矿过程的因素*

摇床选矿是重力选矿法中极其重要的选矿方法之一。影响摇床工作的因素很多:

(1)给矿性质。摇床给矿中矿粒的密度、粒度和形状对于摇床的选别指标有重大的影响。当重矿物和轻矿物的密度差大于1.5时,就能在摇床上顺利地进行选别。在重矿物和轻矿物的形状差别有利于分选的情况下,其矿粒的密度差只要有0.4~0.5时,就可分选得很好。

(2)冲程和冲次。冲程和冲次主要随所处理的物料的粒度而定。当处理粗粒物料时,采用较大的冲程和较低的冲次;当处理细粒物料时,采用较小的冲程和较高的冲次。

(3)横向坡度及用水量。一般情况下,调节坡度和调节洗水量具有相同的效果。适宜的坡度和冲洗水量,与给矿粒度和密度有关,要根据具体情况,通过实验确定。

最小的横向水量的消耗,应保证床面上所有的矿粒(包括其中最粗粒)都能被水层所覆盖,并且水流应有足够的速度将它们(小密度矿粒)沿床面冲下,水量的消耗随被选矿粒度的增大而增大,随横向坡度的增加而减小。但坡度过大会使床面分带发生困难。若要得到质量高的精矿,应该采用较小坡度和增大冲洗水的用量。

(4)给矿浓度和给矿量。给入摇床上的干矿量和给矿浓度决定了给入的矿浆体积。给矿浓度和给矿量是控制粗选区床层的松散和分带(排除尾矿的)的。若浓度过大,则矿浆黏性大,流动性变坏,许多重矿物不能得到很好的分层分带,大量脉石压向精矿带;若浓度过稀,则降低摇床的单位生产率,同时会损失细粒精矿。因此,矿浆的浓度要很好地注意掌握。一般正常的选别浓度为25%~30%。

5.5.3 8YC、9YC型悬挂式多层摇床

8YC、9YC型悬挂式多层摇床是北京矿冶研究总院研制成功的。

8YC型悬挂式四层摇床的结构示于图5-19,传动装置和床面分别用钢丝绳悬吊在金属支架或建筑物的预制钩上。床头的惯性力通过球窝联接器传给摇床架,使床面与床头连动。床面用蜂窝夹层结构的玻璃钢制造,床面中心间距为400mm。在钢架上设置能自锁的蜗轮蜗杆调坡装置,后者与精矿端的一对钢丝绳连接,拉动调坡链轮,钢丝绳即在滑轮上移动,从而改变床面的横向坡度。矿浆和冲洗水由给矿槽、给水槽分别给到各层床面,产物由连接在床面上的精矿槽及位于地面上的中矿槽及尾矿槽排出。

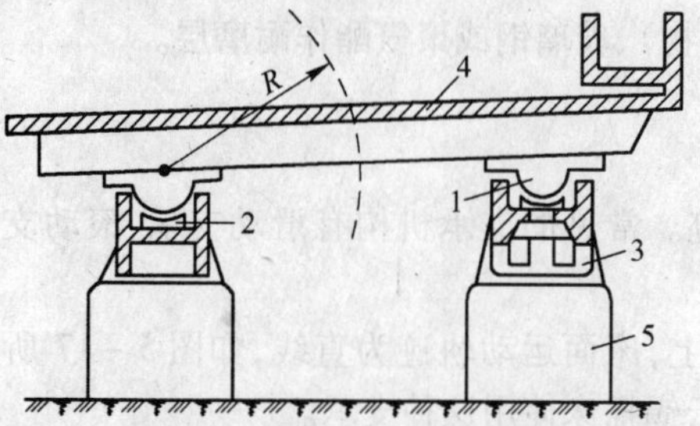

图 5－17　滑动支承示意图

1—滑块；2—滑块座；3—调坡机构；4—摇床面；5—水泥基础

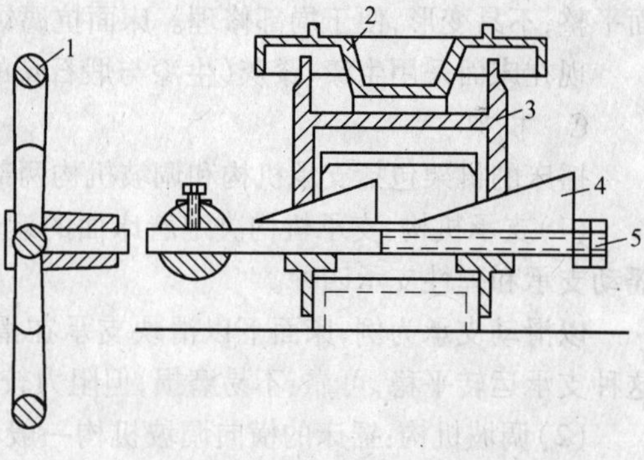

图 5－18　云锡摇床调坡机构示意图

1—调坡手轮；2—滑块；3—滑块座；4—调坡楔块；5—调坡拉杆

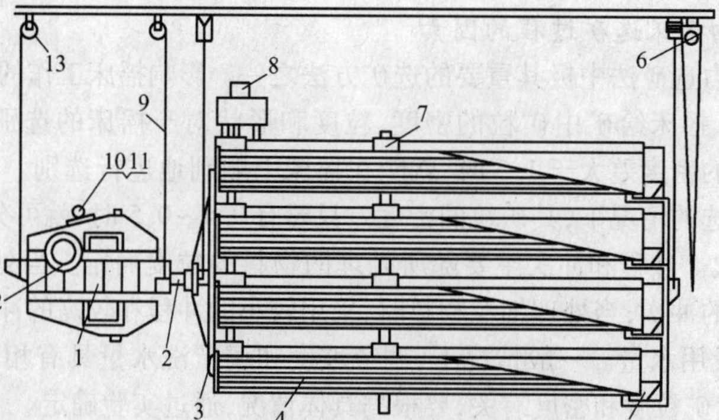

图 5－19　8YC 悬挂式四层玻璃钢摇床

1—床头；2—联接器；3—床架；4—床面；5—接料槽；6—调坡装置；7—给料及给水槽；8—分配器；9—悬挂钢绳；10—电动机；11—V 带；12—带轮；13—滑轮架

9YC 型悬挂式三层玻璃钢摇床结构示于图 5－20，基本上与 8YC 摇床相同，二者都采用新型高效的偏心惯性齿轮床头。

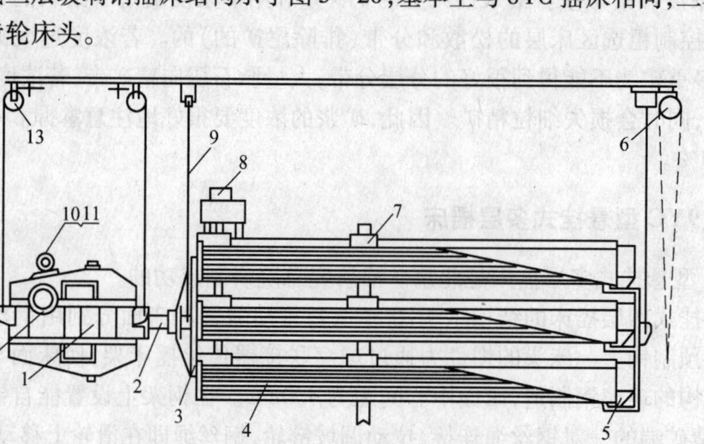

图 5－20　9YC 型悬挂式三层玻璃钢摇床

1—床头；2—联接器；3—床架；4—床面；5—接料槽；6—调坡装置；7—给料及给水槽；8—分配器；9—悬挂钢丝；10—电动机；11—V 带；12—带轮；13—滑轮架

上述两种摇床的主要优点是：显著地提高了单位占地面积的处理能力，减少了厂房面积和基建投资；便于操作管理，维护简单；省去了笨重基础，不向厂房传递激振力；运转噪音小；节省动力。

5.6 溜槽选矿

5.6.1 概述

溜槽是一种简单的重选设备，它是根据矿粒在斜面水流中的运动规律而进行选矿的。矿粒群在溜槽内随水流沿槽运动，在水流的冲力、矿粒本身的重力和矿粒与槽底的摩擦力的联合作用下，按密度分层。重矿粒沉积在槽底上，成为精矿，轻矿粒则被水流冲走，成为尾矿，因而达到分选的目的。

溜槽选矿可以处理粗细差别很大的矿石，给矿粒度最大达到 100～200mm，最细又可以小至十几微米，采用不同的溜槽来完成。处理的矿石在 2～3mm 以上的称为粗粒溜槽，处理 0.074～2mm 的溜槽称为矿砂溜槽，而给矿粒度为 －0.074mm 的溜槽称为矿泥溜槽。目前用得最多的还是后两种。其中矿泥溜槽因能处理微细矿泥具有特殊效果而受到很大的重视。

矿砂溜槽主要用于金、铂、钨、锡砂矿及其他稀有金属矿如锆英石等砂矿的粗选。机械化的矿砂溜槽常用来选别铁矿及钨、锡脉矿。

矿泥溜槽常用于钨、锡及稀有金属矿的粗选作业，也有作为精选的。目前溜槽之所以被广泛采用，其原因是处理低品位砂矿取得了较好的效果。

5.6.2 溜槽的结构及工作原理

5.6.2.1 尖缩溜槽

尖缩溜槽是一个给矿端宽，排矿端窄的木制溜槽。其构造如图 5－21 所示。尖缩溜槽的构造很简单，它的槽底是一个光滑的平面，两侧壁向内收缩，呈一角度。溜槽水平倾角为 16°～20°。当浓度为 50%～60% 的矿浆从溜槽宽的一端给入，流向尖缩的排矿端，由于侧壁收缩，矿流厚度不断增大。当流到较窄的排矿端时，上层矿浆冲出较远，而下层则接近于垂直落下，矿浆呈扇形面展开。应用截取器将扇形面分割，即可得到重产品，轻产品及中间产品。矿浆呈扇形面展开的形式是尖缩溜槽区别于其他溜槽的特征。因此，其又称为扇形溜槽。

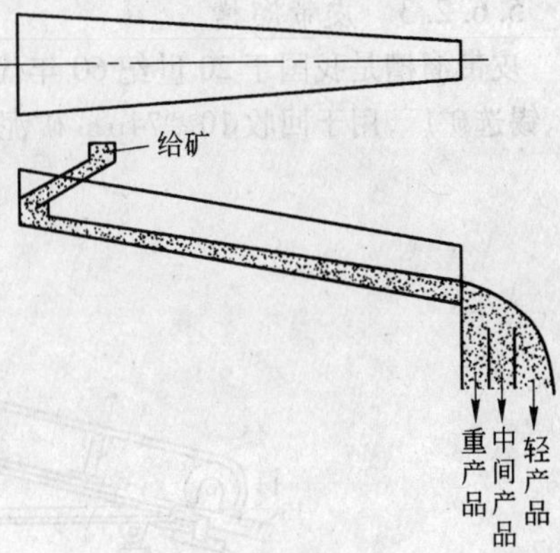

图 5－21 尖缩溜槽示意图

5.6.2.2 圆锥选矿机

圆锥选矿机是由尖缩溜槽演变而成的。将尖缩溜槽组合成圆形，然后将侧壁去掉，形成一个倒置的锥面，此面就是圆锥选矿机的工作面，矿砂就在此面上进行分层选别。由于消除了尖缩溜槽的侧壁效应和对矿浆流动的阻碍，因而得到了较好的分选效果，而且大大提高了处理量。其工作原理与尖缩溜槽相同。圆锥选矿机的构造如图 5－22 所示。这是一个单层圆锥选矿机，分选锥的直径约为 2m，分选带长 750～850mm。锥角 146°（锥面坡度 17°）。在分选锥面 3 的上方设置一正面圆锥 2，其用途是将给矿斗 1 流出的矿浆均匀地分配到分选圆锥面上，称为分配圆锥，在分选锥面的中心部分有开口的环形缝隙，重产物由此进入精矿管 6 中成为精矿，尾矿则从中心管道 7 排出。此种单层圆锥选矿机在我国海滨砂矿的选矿中应用较多。

为了提高处理能力，可安装成两个分选圆锥重叠起来成为双层圆锥选矿机，我国山东荣成锆矿使用的双层圆锥选矿机如图5－23所示。两个分选锥之间相距70mm，分配锥在周边间断开口，因而能平均地将矿浆分配到两个分选锥面上。

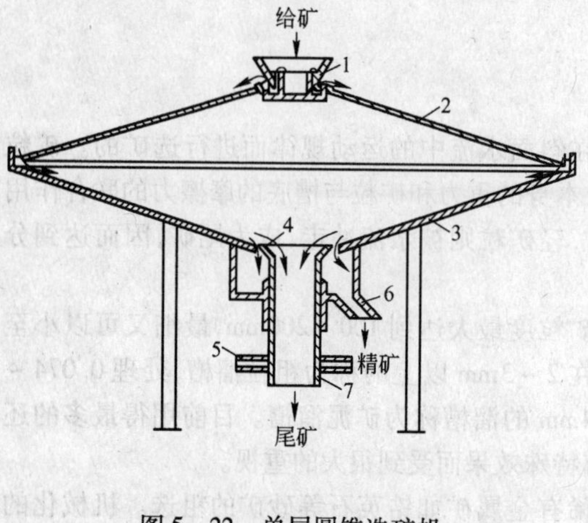

图 5－22 单层圆锥选矿机

1—给矿斗；2—分配锥；3—分选锥；4—截料喇叭口；5—转动手柄；6—精矿管；7—尾矿管

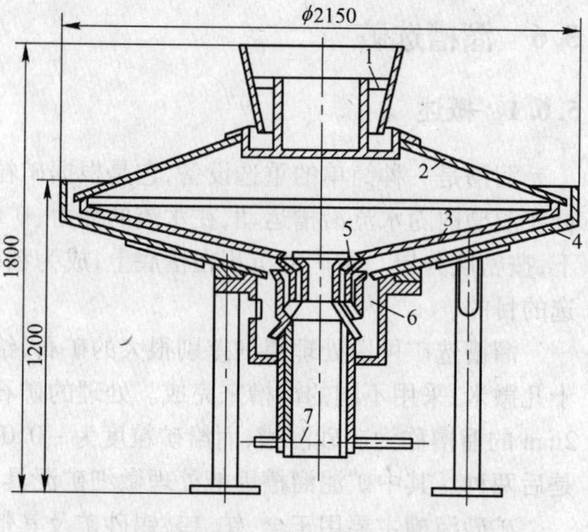

图 5－23 双层圆锥选矿机

1—给矿斗；2—分配锥；3—上层分选锥；4—下层分选锥；5—截料喇叭口；6—精矿管；7—尾矿管

5.6.2.3 *皮带溜槽*

皮带溜槽是我国于20世纪60年代初期研制成功的一种矿泥重选设备，已广泛应用于我国钨、锡选矿厂，用于回收10～74μm矿泥精选作业。其构造如图5－24所示。

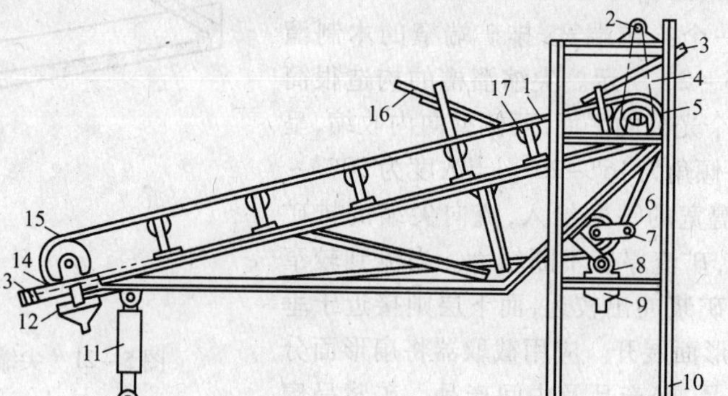

图 5－24 1000mm×3000mm 皮带溜槽

1—带面；2—天轴；3—给水匀分板；4—传动链条；5—首轮；6—下张紧轮；7—精矿冲洗管；8—精矿刷；9—精矿槽；10—机架；11—调坡螺杆；12—尾矿槽；13—滑动支座；14—螺杆；15—尾轮；16—给矿匀分板；17—托辊

皮带溜槽是一种倾斜装置的封闭橡胶运输带。皮带的两端装有辊轮，中间用托辊17支承平整，托辊内装有滚珠轴承，运转灵活。皮带整套装于机架10上。机架上安有传动首轮5，由电机带动，首轮的柱面车成坡度为3%左右的鼓形，以防止带面在运行中向两侧跑偏。尾轮15安装在滑动支座13上，可借螺杆14来调节尾轮位置，从而调节皮带的松紧。在滑轮下部还安装有张紧轮6，有利于精矿被刷子刷下，11为调坡螺杆，并支承着皮带溜槽下部。给矿匀分板16和给水匀分板3安装在机架上，质量要求很高。给矿匀分板和给水匀分板要垫以平衬板和帆布，保证洗水呈膜状均匀流下。在张紧轮外面装有毛刷以与带面相反方向转动,用来刷下沉积在带面上的精矿。同时在张紧轮外还安装有冲洗水小管,水可以沿带面宽均匀喷射,将黏结在带面上的精矿冲下,流入精矿槽中。

选别作业是在带面上进行的。矿浆从首轮给矿匀分板均匀地给入皮带上,在斜面水流(流膜)作用下,轻矿粒随水流往下运动,从皮带下方作为尾矿排出。皮带运动方向与水流方向相反。沉积在皮带面上的重矿粒被皮带带上,经过洗涤水的冲洗,将混入其中的轻矿粒等杂质洗下(即精选区),最后被皮带运送到精矿槽处,被刷子和洗水冲下的即为品位较高的精矿。

另外,还有双联双层皮带溜槽,其结构示于图5-25。

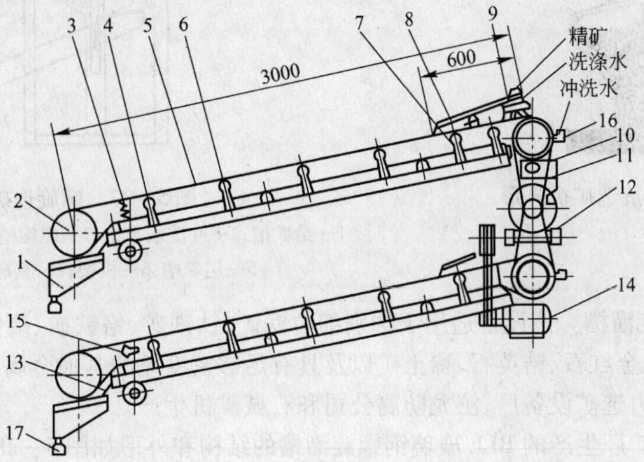

图5-25 双联双层皮带溜槽

1—尾矿槽;2—尾轮;3—床身调坡铰;4—托辊支架;5—皮带;6—托辊;7—滑动轴承;8—矿浆匀分板;9—洗涤水槽;10—精矿刷;11—精矿槽;12—蜗杆;13—矿浆挡板;14—电动机;15—机架;16—冲洗水管;17—矿浆管

5.6.2.4 螺旋选矿机

螺旋选矿机主要由螺旋槽、给水装置和精矿截取器三部分组成,其外形如图5-26所示。

螺旋槽是螺旋选矿机的主要部件,由3~6节螺旋组成。螺旋槽可用汽车轮胎、飞机轮胎、铸铁、水泥、陶土、玻璃钢、硅铝合金等制成,槽的横断面有各种不同的形状,如半圆形、椭圆形、抛物线形等。

我国应用最多的是汽车轮胎、铸铁、玻璃钢螺旋选矿机,如图5-27所示。螺旋槽用支架垂直安装起来,槽底在纵向(沿矿流流向方向)和横向(径向)均有相当的倾斜度。矿浆自上部给矿槽1给入后,沿槽流动过程中发生分层。在螺旋槽3的底部适当位置上装有截取器,进入底层的重矿物趋向于槽内的内缘运动,由截取器将重矿物截取下,通过排重矿物管道排出。轻产品则在快速的回转运动中被甩向外缘,最后由斜槽5排出。在槽内缘给入冲洗水,有助于提高精矿质量。

5.6.2.5 螺旋溜槽

螺旋溜槽是为分选细粒难选矿物研制的,由于在生产实践中的成功应用,发展较快,目前有普通螺旋溜槽、旋转螺旋溜槽、离心塔形旋转螺旋溜槽、倒锥螺旋溜槽、振动螺旋溜槽等。一般均采用玻璃钢制造螺旋槽,其内表面涂以聚氨酯耐磨层,或在槽面上涂以掺入金刚砂或辉绿岩粉的环氧树脂。螺旋溜槽广泛用于金属矿物的分选。

现介绍以下两种螺旋溜槽。

图 5－26　螺旋选矿机外形

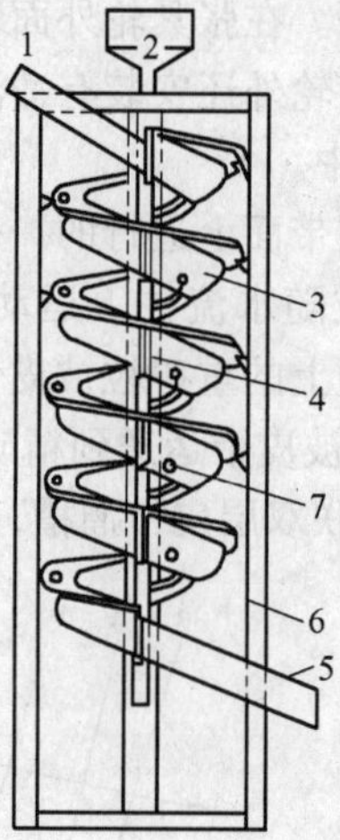

图 5－27　螺旋选矿机

1—给矿槽；2—冲洗水导槽；3—螺旋槽；4—连接用法兰盘；
5—尾矿槽；6—机架；7—重矿物排出管

（1）玻璃钢螺旋溜槽。该设备适用于选别细粒铁矿、钛铁矿、铬铁矿、硫铁矿、锡矿、钽铌矿、金矿、煤炭、独居石、金红石、锆英石、稀土矿以及具有足够密度差的其他金属、非金属矿物。该设备主要由宁德市重力选矿设备厂、泌龙防腐公司和石城矿机生产。

宁德市重力选矿厂生产的 BLL 玻璃钢螺旋溜槽的结构和外形如图 5－28 所示。

（2）BXL 型玻璃钢旋转螺旋溜槽。该设备是综合了螺旋溜槽和离心选矿机的特点而研制成的一种新型选矿设备，适用于选别细粒级的钽、铌、钨、金、钛、铁和其他具有足够密度差的矿物。该设备由宁德市重力选矿厂生产，其结构和外形如图 5－29 所示。

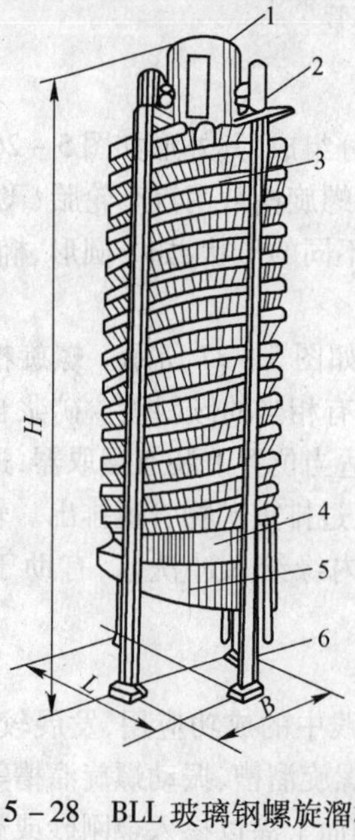

图 5－28　BLL 玻璃钢螺旋溜槽

1—匀分器；2—给矿槽；3—螺旋槽；4—截取器；
5—接矿斗；6—支架

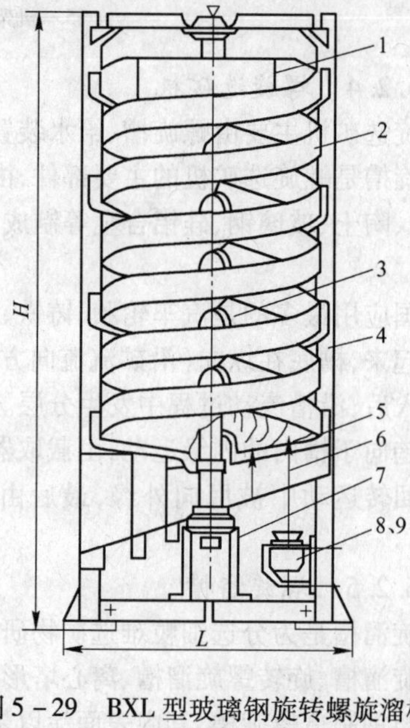

图 5－29　BXL 型玻璃钢旋转螺旋溜槽

1—给矿槽；2—螺旋槽；3—中心轴；4—机架；5—截取器；
6—接矿斗；7—V 带轮；8，9—变速器与电动机松散分层和分带分离是螺旋选矿过程的基本规律。矿浆给入螺旋槽上端后,物料既沿斜面运动,又沿槽面绕螺旋选矿机中心轴作回转运动。矿粒在重力、水流冲力和离心力的综合作用下,将沿水层厚度方向按密度分层以及沿径向按密度分带。沉于槽底的大密度矿粒受到较小水流冲力及较大的摩擦力,沿槽移动速度慢,所受离心力小,因此将主要在重力分力的推动下移向内缘;位于上层的小密度矿粒则主要在离心力分力的作用下推向外侧。螺旋槽横断面上矿粒分带情况见图5-30。

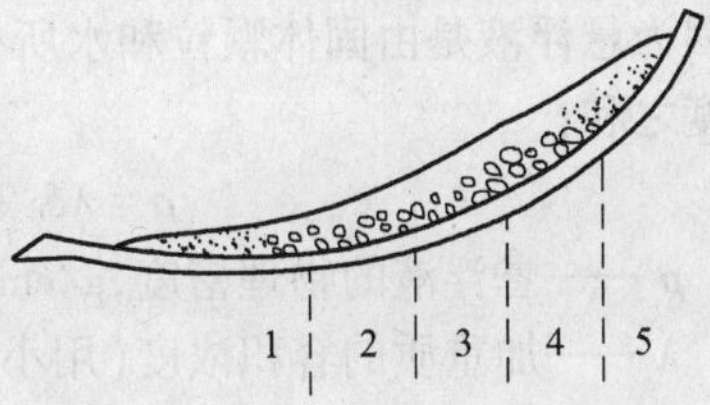

图5-30 螺旋槽横断面上矿粒分带示意图
1—大密度细粒;2—大密度粗粒;3—小密度细粒;4—小密度粗粒;5—矿泥

5.7 重介质选矿

5.7.1 概述

某些粗粒嵌布,或某些多金属集合嵌布的矿石,往往在较粗的粒度(大于20mm)时,就有单体脉石或废石解离出来。为了降低碎矿、磨矿和选矿成本,简化生产工艺过程,合理使用设备,就必须按着选矿"能丢早丢"的原则,把单体的脉石或废石,及时地尽早丢弃。但是,对于这样粗粒度的矿粒,用前面已经讲过的各种方法,是很难进行有效分离的。因此,在许多选矿厂(如江西各钨选厂),采用人工手选来丢弃大块废石。但人工手选的劳动强度大,劳动生产率低。重介质选矿是代替人工手选分离粗粒脉石或废石的一种有效选矿方法。

重介质选矿法是在一种相对密度大于1的液体或悬浮液(磨细的固体和水的混合物)中,使矿粒按密度来分选的一种选矿方法。重介质的密度(ρ)介于大密度矿物(δ_1)和小密度矿物(δ_2)的密度之间,即:$\delta_1 > \rho > \delta_2$。

根据阿基米德原理,任何固体在液体中均受到浮力。当液体的密度越大,固体所受的浮力也就越大。如果当液体的密度等于矿粒的密度时,矿粒就不会下沉,而悬浮于液体中。若液体的密度大于矿粒的密度,则矿粒从液体中浮起。密度大于液体密度的矿粒,则能在液体中下沉。

作为重介质选矿的介质有两种:重液和悬浮液。重液是各种可溶性高密度盐类的水溶液(如氯化锌 $ZnCl_2$、氯化钙 $CaCl_2$ 等)或某些高密度的有机液体(如四氯化碳 CCl_4、三溴甲烷 $CHBr_3$、四溴乙烷 $C_2H_2Br_4$ 等)。虽然重液有长时间保持其物理性质稳定的优点,但由于价格太贵,回收时损失大,有腐蚀性和毒性,所以除特殊情况外,一般在生产中很少使用。

在工业上用作加重质的矿物很多,选矿上用的加重质主要是硅铁,其次还有方铅矿、磁铁矿和黄铁矿等。

加重质首先要有足够的密度,以便在适当的容积浓度下(一般为25%左右),配制成密度合乎要求的悬浮液。其次要求加重质便于回收,能够用简单的磁选、浮选或分级等方法将被污染了的悬浮液净化。另外,选择加重质也要注意来源广泛,价格便宜,且不要成为精矿的有害杂质。当以方铅矿、磁铁矿、黄铁矿和毒砂作加重质时,一般取这些矿物的精矿直接使用。

5.7.2 重悬浮液的性质

5.7.2.1 重悬浮液的密度

配制重悬浮液时,主要是根据重介质选矿所要求的分离密度,来配制好悬浮液的密度,以供选别时使用。

因为悬浮液是由固体颗粒和水所构成的，所以它的物理密度即是单位体积内液体与加重质的密度之和：

$$\rho = \lambda\delta_0 + (1-\lambda)\rho_1 = \lambda(\delta_0-\rho_1)+\rho_1 \tag{5-3}$$

式中 ρ——悬浮液的物理密度，g/cm^3；

λ——加重质的容积浓度（用小数表示）；

δ_0——加重质的密度，g/cm^3；

ρ_1——悬浮液中液体的密度，g/cm^3。

如果悬浮液中的液体是水，则 $\rho_1=1$，因此上式可以写成：

$$\rho = \lambda(\delta_0-1)+1 \tag{5-4}$$

从上式可知，悬浮液的密度是随加重质的密度和加重质的容积浓度的增大而增大的。

按既定的悬浮液密度配制一定体积的重悬浮液，需要的加重质的质量和水量按式(5-5)计算。由质量平衡关系知

$$m + \left(V - \frac{m}{\delta_0}\right)\rho_1 = V\cdot\rho \tag{5-5}$$

故得

$$m = \frac{V\delta_0(\rho-\rho_1)}{\delta_0-\rho_1} \tag{5-6}$$

所需水量(L)：

$$V_{水} = V - \frac{m}{\delta_0} \tag{5-7}$$

式中 m——加重质的质量，kg；

V——悬浮液体积，L；

ρ——悬浮液密度，g/cm^3；

δ_0——加重质密度，g/cm^3；

ρ_1——分散介质密度，g/cm^3，采用水时，$\rho_1 = 1g/cm^3$。

在选别过程中，悬浮质的消耗量不大，在能回收的情况下，选别每吨矿石，其悬浮质的消耗量为0.1~2.5kg。

5.7.2.2　重悬浮液的黏度与稳定性

悬浮液中加重质始终有向下沉降的趋势，使上下层的密度发生变化。因此总的来说，悬浮液的性质是不稳定的。

提高悬浮液的稳定性恰好与降低黏度的因素相对立。加重质颗粒越细，形状越不规则，容积浓度越大以及含泥量越多，则悬浮液的稳定性越高。生产中为了达到足够高的容积浓度以提高稳定性，可以采用不同的加重质配合使用。在加重质粒度不太细时（例如大于0.1~0.2mm），亦可加入1%~3%泥质物料，如黏土、膨润土等来提高稳定性。同时加入适当的胶溶性药剂，以防止形成结构化。

在生产中经常采用机械搅拌或使悬浮液处于流动状态来减少上下层密度的变化。机械搅拌的强度不能太大，否则会破坏分层的进行。悬浮液的流动可采用水平的、垂直的以及回转的方式，但经常是这些方式的联合应用。而在重介质旋流器中，则主要是回转运动。

5.7.3　重介质选矿机

重介质选矿机的种类很多。目前在我国金属矿选矿厂中，所使用的重介质选矿机有重介质振动溜槽、鼓形分选机和重介质旋流器。

5.7.3.1　鼓形分选机

鼓形分选机的构造如图5-31所示。它是一个1800mm×1800mm的圆筒，筒内焊有扬板，用

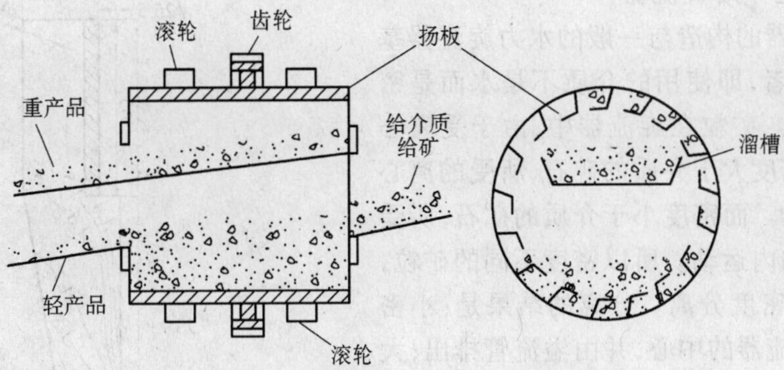

图5－31 鼓形分选机

来提升重矿物到溜槽上，圆筒水平安装，利用齿轮以每分钟两转的速度转动，当待分选的矿物和悬浮液给入圆筒时，轻重矿物就分层。沉在底层的重矿物由扬板提起最后落在溜槽上，成为重产品。密度小的矿物随同悬浮液从溢流中排出，成为轻产品。

该设备适于分选粗粒级(6～40mm)矿石，其主要优点是结构简单、紧凑、便于操作，分选机内密度分布均匀，动力消耗少。缺点是轻重产品量调节不方便。我国锡矿山选矿厂采用直径×长＝1800mm×1800mm鼓形分选机处理12～40mm锑矿石，圆筒转速为2r/min，筒内分选面积为3.24m^2。采用刚玉废料作加重质，配制成的悬浮液密度为2.63～2.65g/cm^3。每吨矿石的介质循环量只有0.7m^3。

5.7.3.2 重介质振动溜槽

重介质振动溜槽的构造如图5－32所示，主要部件是一个宽300～1000mm，长5000～5500mm的振动槽。槽体依靠倾斜10°的板弹簧支承在槽座上。槽体向排料方向倾斜2°～3°。槽体由偏心连杆机构带动产生振动，振次380min^{-1}左右。槽的末端有排料分离隔板，它的位置可上下调动。槽内有双层冲孔筛板，筛板下面有通入上升水管的水室，每个水室有阀门调节水量的大小(水压294.2～392.3kPa)。

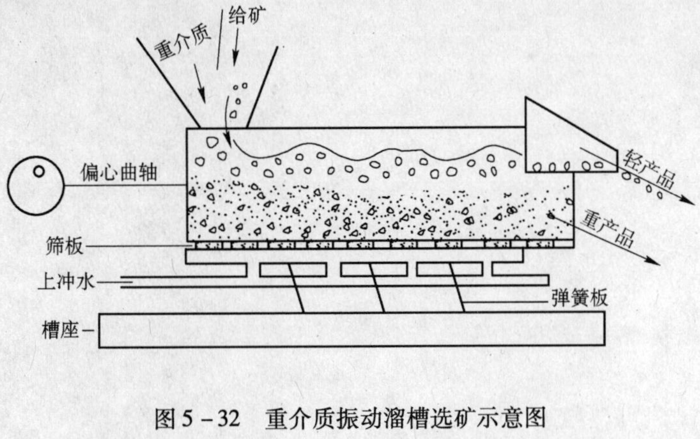

图5－32 重介质振动溜槽选矿示意图

将按要求分离密度配制好的悬浮液，用漏斗由槽头给入振动溜槽，待选的矿石也由槽头给入，由槽底进入的上升水，保持悬浮液稳定。这样，重产品沉到槽底，轻产品浮在表面，最后由末端被排料分离隔板分开，分别排到脱除介质用的筛子上，得到轻、重产品。

5.7.3.3　重介质旋流器

重介质旋流器的构造与一般的水力旋流器基本相同。所不同者，即使用的介质不是水而是密度较大的悬浮液。矿粒在旋流器中，由于受离心力的作用，其中密度大于介质的矿石，所受的离心力大，则向外运动。而密度小于介质的矿石，所受的离心力小，则向内运动。所以密度不同的矿粒，在旋流器内能按密度分离。分离的结果是：小密度矿物集中在旋流器的中心，并由溢流管排出；大密度的矿物则集中于外缘，并由沉砂嘴排出。

重介质旋流器主要用于选别粒度较小的矿石，一般为2～20mm，小者可达0.5mm（一般重介质选矿机处理矿石的粒度下限为2～3mm）。其选别效果比普通重介质选矿机高。同时，旋流器内加重质颗粒在离心力作用下向器壁及底部沉降，因而发生浓缩现象。悬浮液的密度自内而外并自上而下地增大，形成密度不同的层次，如图5－33所示。因此，可以采用密度较小的悬浮液来得到较高的实际分选密度。这是一般重介质选矿机所没有的特点。

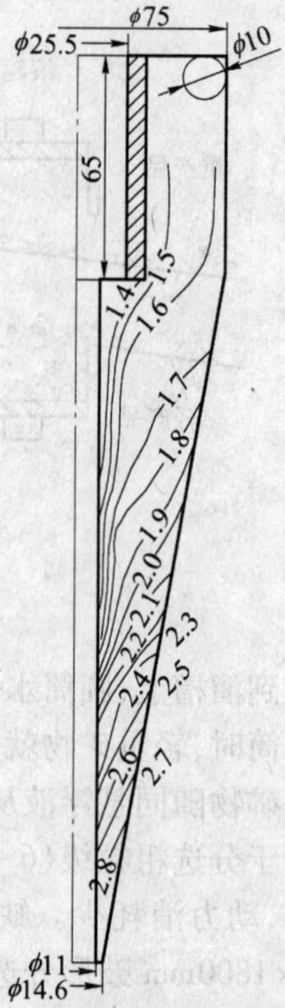

图5－33　重介质旋流器内等密度面分布（图内尺寸单位为mm）

（悬浮液给入密度1.5g/cm³；溢流排出密度1.41g/cm³；沉砂排出密度2.78g/cm³）

和水力旋流器一样，重介质旋流器也可作垂直形式、横卧形式或倒立形式安装。在生产中则多采用倾斜或竖直的安装方式。

6 磁力选矿

磁力选矿是根据矿石中各种矿物的磁性差异，在磁选机磁场中进行分选的一种选矿方法。磁选广泛用于黑色金属矿石的选别，有色和稀有金属矿石的精选，以及一些非金属矿石的分选。随着高梯度磁选、磁流体选矿、超导强磁选等技术的发展，磁选的应用已扩大到化工、医药和环保等领域中。

6.1 磁选的理论基础

6.1.1 磁选过程及矿粒分选的基本条件

6.1.1.1 *磁选过程*

磁选是在磁选机中进行的。如图6-1所示，当矿浆进入分选空间后，磁性矿粒在不均匀磁场作用下被磁化，从而受到磁场吸引力的作用，使其吸在圆筒上，并随之被转筒带至排矿端，排出成为磁性产品。非磁性矿粒由于所受的磁场作用力很小，仍残留在矿浆中，排出成为非磁性产品。这就是磁选分离过程。

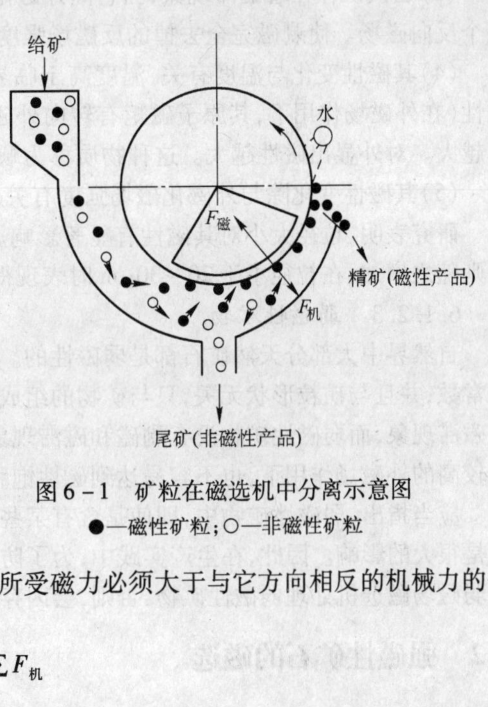

图6-1 矿粒在磁选机中分离示意图

●—磁性矿粒；○—非磁性矿粒

6.1.1.2 *磁选的基本条件*

矿物颗粒通过磁选机磁场时，同时受到磁力和机械力（重力、离心力、介质阻力、摩擦力等）的作用。磁性较强的矿粒所受的磁力大于其所受的机械力，而非磁性矿粒所受磁力很小，则以机械力占优势。由于作用在各种矿粒上的磁力和机械力的合力不同，使它们的运动轨迹也不同，从而实现分选。

欲分离出磁性矿粒，其必要条件是：磁性矿粒所受磁力必须大于与它方向相反的机械力的合力。即

$$F_{磁} > \sum F_{机}$$

式中 $F_{磁}$——磁性矿粒所受磁力；

$\sum F_{机}$——磁性矿粒所受的与磁力方向相反的机械力的合力。

6.1.2 矿物的磁性

6.1.2.1 *矿物按磁性分类*

矿物磁性是矿物磁选的依据。由于自然界中各种物质的原子结构不同，故具有不同的磁性。

在生产实践中，从实用角度出发，按照单位质量物体在单位磁场强度的外磁场中磁化时所产生的磁矩（即物体比磁化系数）的不同，可将矿物分为四类：

(1)强磁性矿物，比磁化系数大于$3000\times10^{-6}cm^3/g$，如磁铁矿、磁黄铁矿、磁赤铁矿及锌铁

尖晶石等。这类矿物用弱磁选设备即能有效地进行分选。

(2)中磁性矿物,比磁化系数为$(600\sim3000)\times10^{-6}cm^3/g$,如半假象赤铁矿及某些钛铁矿、铬铁矿等。这类矿物用中磁场磁选设备可进行分选。

(3)弱磁性矿物,比磁化系数为$(15\sim600)\times10^{-6}cm^3/g$,如赤铁矿、褐铁矿、镜铁矿、菱铁矿、水锰矿、软锰矿、硬锰矿、菱锰矿、金红石、黑钨矿、石榴石、绿泥石等。这类矿物需用强磁选或其他方法回收。

(4)非磁性矿物,比磁化系数小于$15\times10^{-6}cm^3/g$,如方解石、长石、萤石、方铅矿、石英、重晶石、白铅矿、辉铜矿、闪锌矿、辉锑矿、自然金、锡石、硫、煤、石墨、金刚石、石膏、高岭土等。

6.1.2.2　*强磁性矿物*

强磁性矿物的磁性特点有:

(1)磁化强度和磁化系数值很大,存在着磁饱和现象,且在较低的外磁场作用下就可以达到磁饱和。

(2)磁化强度、磁化系数和外磁场强度之间具有曲线关系,磁化系数不是一个常数。磁化强度除与矿物性质有关外,还与外磁场变化的历史有关。

(3)磁铁矿存在着磁滞现象,当它离开磁化场后,仍保留一定的剩磁;要去掉剩磁,就需要加一个反向磁场。使剩磁完全去掉的反磁场强度H_c,称为矫顽磁力。

(4)其磁性变化与温度有关,温度高于临界值——居里点时,内部的磁畴结构消失,呈现顺磁性(在外磁场作用下,其原子磁矩有转向外磁场方向的趋势,外磁场越强,向外磁场取向的概率越大。对外显出磁性越大。这种物质称为顺磁性物质。)

(5)其磁性变化除与外磁化磁场强度有关外,还受其本身的形状、粒径和氧化程度的影响。

研究表明,粒径大小对其磁性有显著影响。随粒径减小,其比磁化系数值随之减小,而矫顽力则随之增加,在粒径小于$20\sim30\mu m$时表现得尤其明显。

6.1.2.3　*弱磁性矿物*

自然界中大部分天然矿石都是弱磁性的。弱磁性矿物的磁化系数基本是不随外磁场而变化的常数,并且与矿粒形状无关,只与矿物的组成有关。强磁性矿物在外磁场作用下,表现出剩磁和磁滞现象,而弱磁性矿物没有剩磁和磁滞现象。另外,弱磁性矿物的磁性弱,磁化系数小,即使在较高的外磁场作用下,也不容易达到磁性饱和。

应当指出,弱磁性矿物中,即使是含有某些极少数的强磁性矿物,其磁性也会产生一定的、甚至是很大的影响。因此,在生产实践中,为了防止强磁性矿物混入所处理的弱磁性物料,必须先用弱磁场磁选机处理弱磁性矿物,否则,会因存在强磁性矿物,严重影响分选指标。

6.2　强磁性矿石的磁选

6.2.1　永磁筒式磁选机

我国在20世纪50年代只有电磁筒式磁选机和电磁带式磁选机。直至1965年,才引进瑞典萨拉公司的永磁筒式磁选机,其突出优点是省电、磁感应强度高、构造简单、造价低、容易操作维护、机器较轻、占地面积小、处理能力大,因此在国内迅速推广应用。目前,我国磁铁矿选矿用的湿式弱磁场磁选机一般都是永磁筒式磁选机,电磁筒式磁选机只在个别需要调整磁场强度的情况下才使用。近几年,我国又研制成功独有的磁选柱、电磁聚机和磁场筛选机,尤其是磁选柱,在选矿工业中已推广应用。

永磁筒式磁选机是磁选厂广泛应用于选别强磁性矿石的一种磁选设备。根据筒体结构不同,该机又分为顺流型、逆流型和半逆流型三种,其适宜的分选粒度依次为－6mm、－2mm、－0.5mm。现在常用的槽体一般为半逆流型为最多,现以半逆流型永磁筒式磁选机为例来说明,对顺流型和逆流型的只作简单介绍。

(1)半逆流型永磁筒式磁选机。磁选机由圆筒、磁系和槽体(或称底箱)等三个主要部分组成。其结构如图6－2所示。

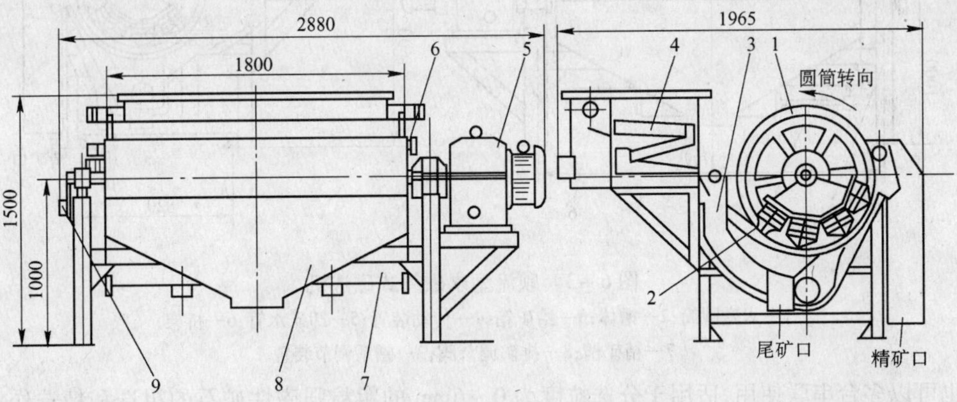

图6－2　半逆流型永磁筒式磁选机

1—圆筒;2—磁系;3—槽体;4—给矿箱;5—传动装置;6—卸矿水管;7—机架;8—精矿槽;9—调整磁系装置

圆筒是由不锈钢板卷成,筒表面加一层耐磨材料保护筒皮,如加一层薄的橡胶带或绕一层细铜丝,也可以粘一层耐磨橡胶。圆筒的端盖是用铝或铜铸成的,圆筒各部分所使用的材料都应是非导磁材料,以免磁力线不能透过筒体进入分选区,而与筒体形成磁短路。圆筒由电动机经减速机带动,圆筒旋转的线速度与圆筒直径有关,一般为1.0～1.7m/s左右。

分选过程:矿浆经给矿箱进入槽体后,在给矿喷水管喷出水(现场称吹散水)的作用下,使矿粒呈悬浮状态进入粗选区,磁性矿粒在磁系所产生的磁场力作用下,被吸在圆筒的表面上,随着圆筒一起向上移动。在移动过程中,由于磁系的极性沿径向交替,使成链的磁性矿粒进行翻动(或称磁搅拌),在翻动过程中,夹在磁性矿粒中的一部分脉石清洗出来,这有利于提高磁性产品的质量。磁性矿粒随着圆筒转动离开磁系时,磁力大大降低,在冲洗水的作用下进入精矿槽中。非磁性矿粒和磁性较弱的矿粒在槽体内矿浆流作用下,从底板的尾矿孔流进尾矿管中。由于尾矿流过磁选机具有较高磁场的扫选区,可以使一些在粗选区来不及吸到圆筒上的磁性矿粒,再一次被回收而提高了金属回收率。由于矿浆不断给入,精矿和尾矿不断排出,形成一个连续的选分过程。

半逆流永磁筒式磁选机的特点和应用:这种磁选机的给矿矿浆是以松散悬浮状态从槽体下方进入分选空间,矿浆运动方向与磁场方向基本相同,所以,矿粒可以到达磁场力很高的圆筒表面上。另外,尾矿是从底板上的尾矿孔排出,这样溢流面的高度可以保持槽体中的矿浆水平。上面的两个特点,决定了半逆流型磁选机可得到较高的精矿质量和金属回收率。因此被广泛用于处理微细粒(小于0.2mm)的强磁性矿石的粗选和精选作业。这种磁选机可以多台串联使用,提高精矿品位。

(2)顺流型永磁筒式磁选机。这种磁选机的结构如图6－3所示。矿浆的移动方向与圆筒旋转方向或产品移动的方向一致。矿浆由给矿箱直接进入到圆筒的磁系下方,非磁性矿粒和磁性很弱的矿粒由圆筒下方的两底之间的间隙排出。磁性矿粒吸在圆筒表面上,随着圆筒一起旋转到磁系边缘的弱磁场处,由卸矿水管将其卸到精矿槽中。顺流型磁选机的构造简单,处理能力

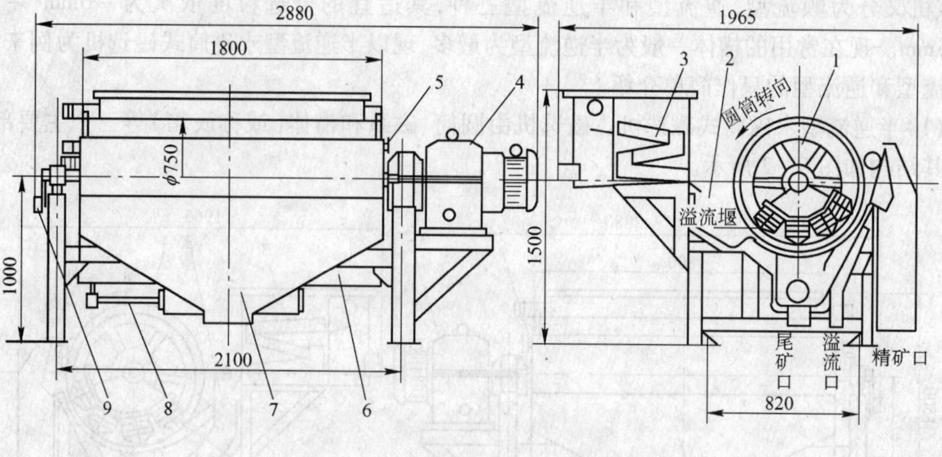

图 6-3　顺流型永磁筒式磁选机

1—永磁圆筒;2—槽体;3—给矿箱;4—传动装置;5—卸矿水管;6—机架;
7—精矿槽;8—排矿调节阀;9—磁系调节装置

大,也可以多台串联使用,适用于分选粒度为 0～6mm 的粗粒强磁性矿石的粗选和精选作业,或用于回收磁性重介质。

(3)逆流型永磁筒式磁选机。这种磁选机的结构如图 6-4 所示。矿浆流动的方向与圆筒旋转的方向或磁性产品移动的方向相反,矿浆由给矿箱直接给到圆筒磁系的下方。非磁性矿粒和磁性很弱的矿粒由磁系左边下方的底板上尾矿孔排出。磁性矿粒随圆筒逆着给矿方向被带到精矿端,由卸矿水管卸到精矿槽中。这种磁选适于分选粒度为 0～0.6mm 的细粒强磁性矿石的粗选和扫选作业。

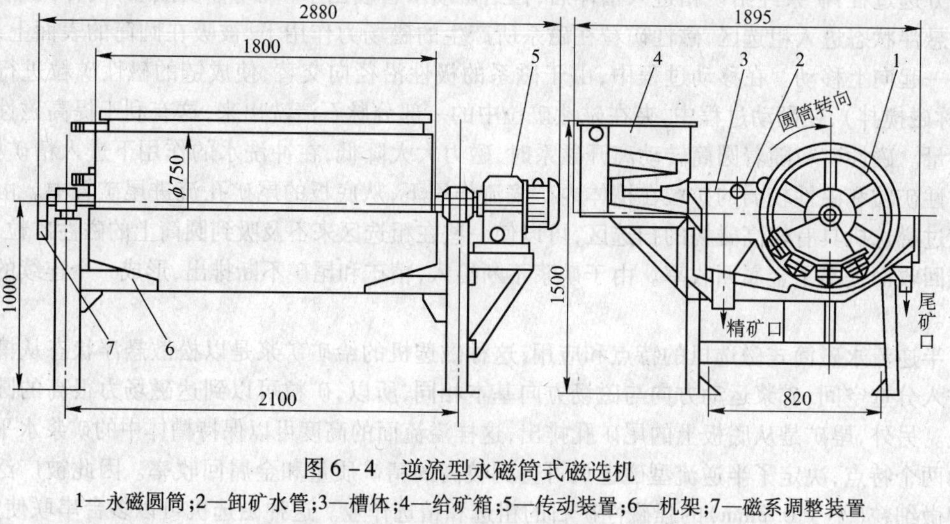

图 6-4　逆流型永磁筒式磁选机

1—永磁圆筒;2—卸矿水管;3—槽体;4—给矿箱;5—传动装置;6—机架;7—磁系调整装置

这种磁选机不适于处理粗粒矿石,因为粒度粗时,矿粒沉积会堵塞选别空间,造成分选指标恶化。

顺流、逆流、半逆流型永磁筒式磁选机的比较,如图 6-5 所示。总的来说,三种型式的磁选机的特点是:顺流型——精矿品位较高;逆流型——回收率较高;半逆流型——兼有顺流型和逆流型磁选机的特点,即精矿品位和回收率都比较高。

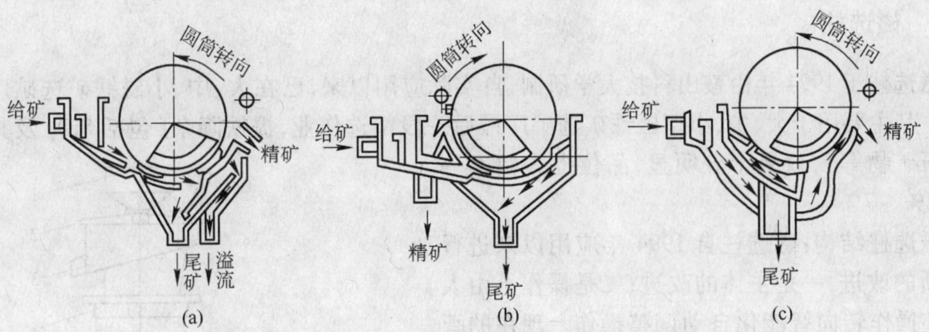

图 6-5 顺流、逆流、半逆流型永磁筒式磁选机的比较

(a)顺流型;(b)逆流型;(c)半逆流型

6.2.2 磁力脱水槽

磁力脱水槽(也称磁力脱泥槽),它是一种磁力和重力联合作用的选别设备。广泛地应用于磁选工艺中,用它脱去矿泥和细粒脉石,也可以作为过滤前的浓缩设备使用。目前应用的磁力脱水槽从磁源上分有永磁脱水槽和电磁脱水槽两种。永磁脱水槽应用较多。

设备结构:比较常见的永磁脱水槽的设备结构如图 6-6 所示。它主要由槽体、塔形磁系、给矿筒(或称拢矿圈)、上升水管和排矿装置(包括调节手轮、丝杠、排矿胶砣)等部分组成。

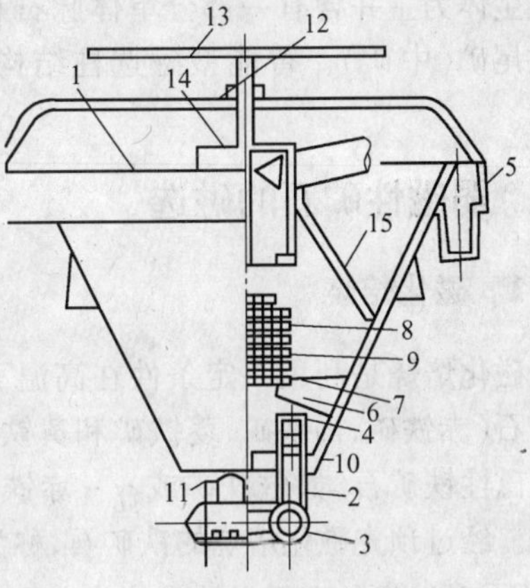

图 6-6 永磁型磁力脱水槽构造

1—槽体;2—上升水管;3—水圈;4—迎水帽;5—溢流槽;6—支架;7—磁导板;8—磁系;9—硬质塑料管;10—排矿胶砣;11—排矿口胶垫;12—丝杠;13—手轮;14—给矿筒;15—支架

工作原理:磁力脱水槽是重力和磁力联合作用的选别设备。在磁力脱水槽中,矿粒受到的力主要有下列几种:重力——矿粒受重力作用,产生向下沉降的力;磁力——磁性矿粒在槽内磁场中受到的磁力,方向垂直于磁场等位线指向磁场强度高的地方;上升水流作用力——矿粒在脱水槽中所受到水流作用力都是向上的,上升水流速度越快,矿粒所受水流作用力就越大。

在磁力脱水槽中,重力作用是使矿粒下降,磁力作用是加速磁性矿粒向下沉降的速度,而上升水流的作用是阻止非磁性的细粒脉石矿泥的沉降,并使它们顺上升水流进入溢流中,从而与磁性矿粒分开。同时上升水流也可以使磁性矿粒呈松散状态,把夹杂在其中的脉石冲洗出来,从而提高了精矿品位。

分选过程:矿浆由给矿管以切线方向进入给矿筒内,比较均匀地散布在塔形磁系的上方。磁性矿粒在磁力与重力作用下,克服上升水流的向上作用力,而沉降到槽体底部,从排矿口(沉砂口)排出;非磁性细粒脉石和矿泥在上升水流的作用下,克服重力等作用而顺着上升水流进到溢流槽中排出,从而达到分选目的。

磁力脱水槽只适宜于处理细粒强磁性矿石,对于粗粒物料并不适用。这是它不能排除粗粒脉石所造成的。

6.2.3 磁选柱

磁选柱于1994年由鞍山科技大学研制，自实际应用以来，已在大、中、小磁铁矿选矿厂广泛使用。其主要用于大、中、小型磁铁矿选矿厂最后一段精选作业，提铁降杂（包括 SiO_2 及其他造岩脉石矿物等），效果十分明显，品位提高幅度一般在2%～7%。

磁选柱结构：磁选柱自1994年应用以来进行了不断的改进，一是主体的改进；二是操作上由人工调整操作转向智能化自动调整操作。现在的智能化磁选柱由主机、供电电控柜和自控系统三大部分组成。磁选柱属于一种电磁式弱磁场磁重选矿机，磁力为主，重力为辅。

磁选柱分选原理：磁选柱由直流电控柜供电励磁，在磁选柱的分选腔内形成循环往复、顺序下移的下移磁场力，向下拉动多次聚合又多次强烈分散的磁团或磁链，由相对强大的旋转上升水流冲带出以连生体为主并含有一部分单体脉石和矿泥的磁选柱尾矿（中矿）。智能型磁选柱结构如图6－7所示。

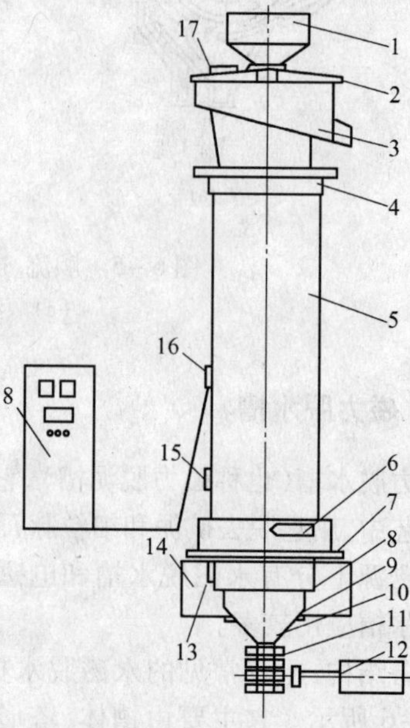

图6－7　智能型磁选柱结构示意图

1—给矿斗给矿管；2—给矿斗支架；3—尾矿溢流槽；4—封顶套；5—上分选筒及上磁系；6—切线给水管；7—承载法兰；8—下分选筒及下磁系；9—下给水管；10—底锥；11—浓度传感器；12—阀门及其执行器；13—下小接线盒；14—支承板；15—上小接线盒；16—总接线盒；17—上给水管；18—电控柜及自控柜

6.3 弱磁性矿石的磁选

6.3.1 磁化焙烧

磁化焙烧是利用一定条件在高温下将弱磁性铁矿石（赤铁矿、褐铁矿、菱铁矿和黄铁矿等）转变成强磁性铁矿石（如磁铁矿或γ－赤铁矿）的工艺过程。经过预先磁化焙烧的铁矿石，称为人工磁铁矿，用弱磁选机处理很有效。其特点是：选别流程简单，分选效果好。

目前，在弱磁性铁矿的选矿方面，国内外多用重选、浮选、强磁选和焙烧磁选；也有用重磁浮、磁浮、重浮等联合流程的。但总的看来，焙烧磁选法是比较成功的工艺。

6.3.2 强磁场磁选机

6.3.2.1 干式强磁选机

这类强磁选机是最早的工业型强磁选机，迄今干式圆盘磁选机和感应辊式磁选机仍然广泛应用于分选黑钨矿、锰矿、海滨砂矿、锡矿、玻璃砂矿和磷酸锰矿等，并取得较好较稳定的指标。

以干式圆盘式磁选机为例。目前生产实践中应用的干式圆盘磁选机有单盘（ϕ900mm），双盘（ϕ576mm）和三盘（ϕ600mm）等三种。这几种磁选机的构造和分选原理基本相同。其中ϕ576mm的双盘磁选机成为系列产品，应用较多。

ϕ576mm的双盘强磁选机的结构如图6－8所示，磁选机的主体部分是由“山”字形磁系7，悬吊在磁系上方的旋转圆盘6，振动给矿槽5（或给矿皮带）组成，“山”字形磁系和旋转圆盘组成闭合磁路，旋转圆盘像个翻扣周边带有1～3个尖齿的碟子，其直径较振动槽宽大约为一半，圆盘用

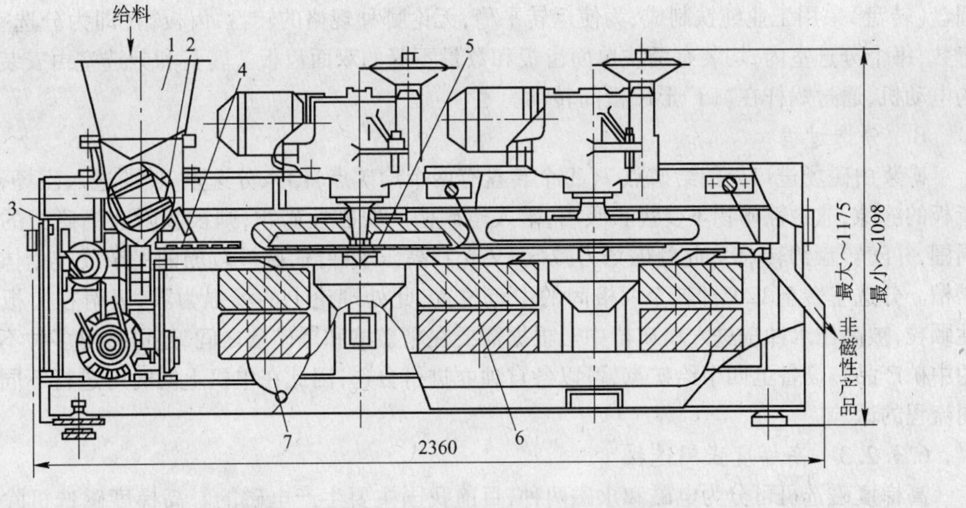

图 6－8 ϕ576mm 干式双盘强磁选机（单位：mm）

1—给料斗；2—给料圆筒；3—强磁性矿物接料斗；4—筛料槽；5—振动槽；6—圆盘；7—磁系

电机通过蜗杆蜗轮减速传动，用手轮调节圆盘垂直升降其极距（调节范围为 0～20mm），为了防止强磁性物料堵塞，在给料斗 1 的排料滚内装个弱磁选辊，预选给料中的强磁性矿物。

工作原理和分选过程：原料由给料斗 1 均匀给到给料圆筒 2 上，强磁性矿物被滚表面吸引，随滚筒旋转至场强弱处，落入强磁性矿物接料斗 3 中。未被吸引的部分进入筛料槽 4，筛上部分（少量）堆存，筛上部分均匀进入振动槽 5，由振动槽输送入圆盘下面的工作空间，弱磁性矿物受强磁力的吸引到圆盘周边的齿尖上，并随圆盘转到振动槽外磁场强度低处，在重力和离心力的作用下落入振动槽两侧的磁性产品斗中，非磁性矿物由振动槽的尾端排出进入尾矿斗中。

6.3.2.2 湿式强磁选机

湿式强磁选机的类型很多，常用的有琼斯式、仿琼式和环式等强磁选机。20 世纪 70 年代后期研制的高梯度磁选机，对微细低品位弱磁性矿物分离、非金属矿物的提纯又有新的突破而且应用范围已超过了选矿领域，高梯度技术得到广泛的应用和重视。

以琼斯型强磁选机为例。

A 设备结构

琼斯型强磁选机种类繁多，但结构基本相同。DP－317 型强磁选机结构如图 6－9所示，它有一个钢制门形框架，在框架上装有两个横放的“凵”形磁轭，在磁轭的水平位置上装有四组激磁线圈，线圈采用扁铜线绕制，外部有密封的保护壳，用风机进行空气冷却（有的采用油冷）。垂直中心轴上装有两个分选圆盘，圆盘周边上有 27 个分选室，室内装有不锈导磁材料制成的齿形聚磁极板，极板间距一般在 1～3mm

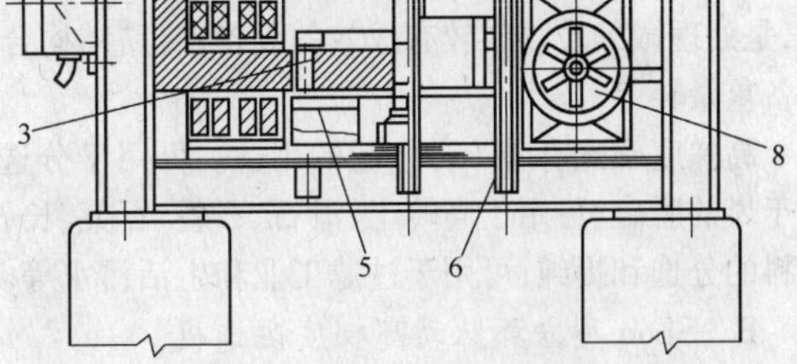

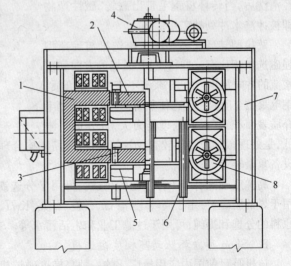

图 6－9 琼斯型双盘强磁选机

1—“凵”形磁系；2—分选转盘；3—铁磁性齿板；4—传动装置；5—产品接受槽；6—水管；7—机架；8—扇风机

左右。两个"凵"形磁轭和两个圆转盘之间构成闭合磁路。分选室内放置了齿板聚磁介质,分选圆盘(转盘)采用工业纯铁制成,为使运转平稳,无论哪种规格的转盘,齿板箱(即为分选室)均为奇数,每个分选室内,均装有两块单面齿板和数量不等的双面齿板。转盘和分选室由安装在顶部的电动机,通过蜗杆在"凵"形磁极间转动。

B　分选过程

矿浆由磁场进口处的给矿点7(每个转盘有两个给矿点)给入分选室,随即进入磁场,并通过齿板的缝隙,非磁性矿物不受齿板吸引,落入尾矿槽。弱磁性矿物,则被吸附在高磁力的齿板尖周围,并随转盘约转60°,此处磁场力减低,又受到高压水冲洗,磁性较弱的夹杂或连生体进入中矿槽。分选室转至120°即转至两极间的中点位置,此处理论上的场强为零,吸附在齿板上的磁性颗粒,被高压水冲洗进入精矿槽中。根据需要在精矿槽和尾矿槽之间,还可接出多种不同磁性的中矿产品。设备上四个给矿点,可以各自独立进行分选,因此在单机上同时可进行不同试样不同流程的试验。

6.3.2.3　高梯度强磁选机

高梯度磁选机可分为电磁和永磁两种,目前我国主要生产电磁的。高梯度磁选机除用来分选弱磁性的微细粒矿物外,还可用来处理工业废水,在废水流过钢毛之类磁介质时,废水中的磁性颗粒被吸附在钢毛上,从而达到净化废水的目的,故又称为高梯度过滤器。

A　萨拉型转环式高梯度强磁选机

萨拉型转环式高梯度强磁选机的结构如图6-10所示。它由两个螺线管、转环、给矿系统、冲洗系统等主要部分组成。螺线管为鞍形线圈,能够让转环穿过并转动。转环分隔为许多小的分选室,每个分选室内装有钢毛聚磁介质,也可装其他型式(如拉网型)聚磁介质。当转环连续不断地进出由鞍形线圈建立的磁场空间时,钢毛被磁化,磁性矿粒被钢毛捕获。经清洗后,当转环将钢毛带出磁场,磁性产物即被冲洗水冲到精矿接矿槽。

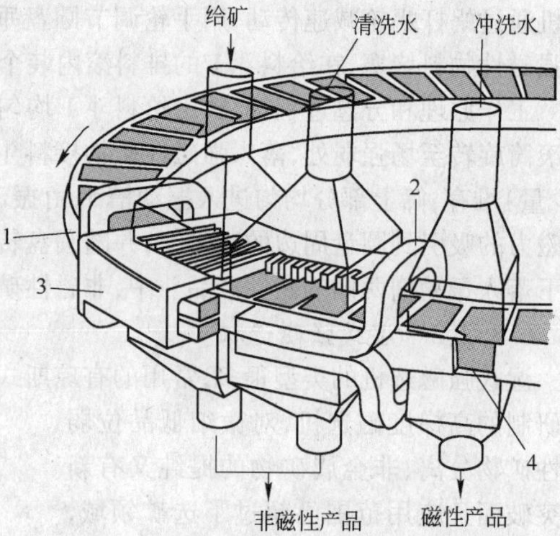

图6-10　萨拉型转环式高梯度强磁选机
1—旋转分选环;2—马鞍形螺线管线圈;
3—铠装螺线管铁壳;4—分选室

萨拉型转环式高梯度强磁选机与琼斯型强磁选机相比有一些特点:其磁场的方向和矿浆流的方向是平行的,矿浆流不直接冲刷介质;钢毛聚磁介质只占分选体积的5%~12%,钢毛介质表面积大,因此处理能力大,且分选下限低,是处理微细粒物料较有成效的设备;磁路结构合理,转环不是磁路的组成部分,磁体漏磁少,设备重量轻等等。

高梯度磁选有着十分广泛的用途。可用于分选铁、铬、钛、钨、锡、钼、钽等多种金属矿石;可用于煤的脱硫;可用于高岭土、滑石、石墨、石英、长石、型砂以及含硫、砷等元素的非金属矿石和原料的分选和提纯;可用于过滤工业和生活污水等。

B　SLon型立环脉动高梯度磁选机

该机是目前国内应用最广泛的一种高梯度磁选机。这是一种利用磁力、脉动流体力和重力等综合力场选矿的新型高效连续选矿设备,适用于粒度为-74μm占60%~100%(或1mm以下)的红铁矿、锰矿、钛铁矿、黑钨矿等细粒弱磁性矿物的分选和高岭土、铝土矿、石英砂等非金属矿物的提纯。

SLon－1500 型高梯度磁选机的结构示于图 6－11。它主要由脉动机构、激磁线圈、铁轭和转环等组成。转换用普通不锈钢加工的 1 块中环板、2 块侧环板和 74 块梯形隔板围成双列共 74 个分选室。各分选室用 1.0mm×4mm×12mm 导磁不锈钢板网和 0.7mm×10mm×25mm 普通不锈钢大孔网交替重叠构成磁介质堆，导磁网和大孔网的充填率各为 12% 和 3.2%。选别时，转环作顺时针旋转，矿浆从给矿斗给入，沿上铁轭缝隙流经转环，矿浆中的磁性颗粒吸着在磁介质表面，由转环带至顶部无磁场区，被冲洗水冲入精矿中，非磁性颗粒则沿下铁轭缝隙流入尾矿斗带走。

该机的特点是：转环立式旋转，反向冲洗精矿，并配有脉动机构（用来消除机械夹杂现象），具有富集比大、回收率高、分选粒度宽、磁介质不易堵塞、操作与维修方便、适应性强等优点。

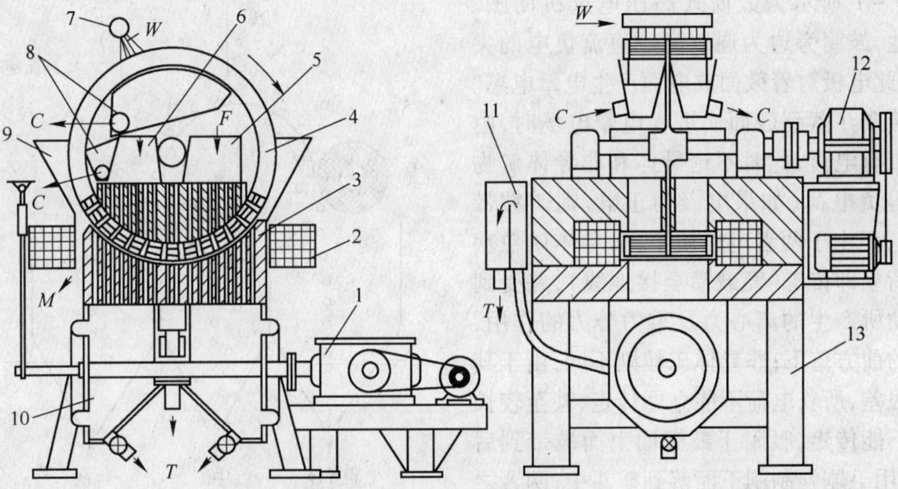

图 6－11　SLon－1500 型高梯度磁选机结构

1—脉动机构；2—激磁线圈；3—铁轭；4—转环；5—给矿斗；6—漂洗水；7—精矿冲洗水管；8—精矿斗；9—中矿斗；10—尾矿斗；11—液面斗；12—转环驱动机构；13—机架；*F*—给矿；*W*—清水；*C*—精矿；*M*—中矿；*T*—尾矿

7 电 选

7.1 电选的基本条件和方式

电选是利用自然界各种矿物和物料电性质的差异而使之分选的方法。如常见矿物中的磁铁矿、钛铁矿、锡石、自然金等,其导电性都比较好;石英、锆英石、长石、方解石、白钨矿以及硅酸盐类矿物,则导电性很差,从而可以利用它们电性质的不同,用电选分开。

图 7-1 所示为鼓筒式高压电选机简图。转鼓接地,鼓筒旁边为通以高压直流负电的尖削电极,此电极对着鼓面放电而产生电晕电场。矿物经给矿斗落到鼓面而进入电晕电场时,由于空间带有电荷,此时不论导体和非导体矿物均能获得负电荷(如果电极为正电,则矿粒带正电荷),但由于两者电性质不同,导体矿粒获得的电荷立即传走(经鼓筒至接地线),并受到鼓筒转动所产生的离心力及重力分力的作用,在鼓筒的前方落下;非导体矿粒则不同,由于其导电性很差,所获电荷不能立即传走,甚至较长时间也不能传走,吸附于鼓筒面上而被带到后方,然后用毛刷强制刷下而落到矿斗中,两者之轨迹显然不同,故能使之分开。

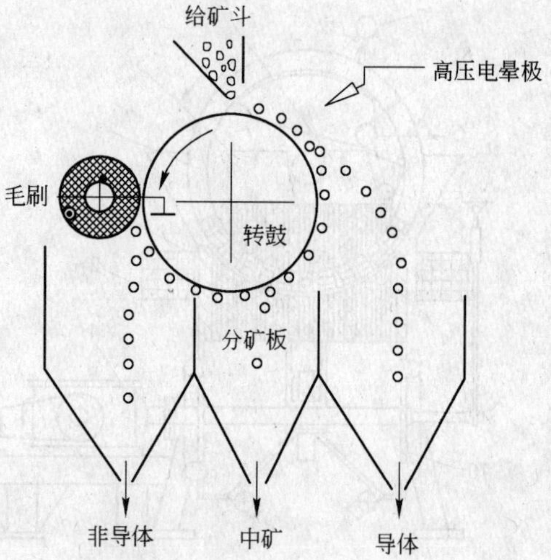

图 7-1 鼓筒式高压电选机简图

从上述情况可知,实现电选,首先是涉及矿物电性质和高压电场问题,还与机械力的作用有关,即:

对导体矿粒而言:$\sum F_{机} > F_{电}$

对非导体矿粒而言:$F_{电} > \sum F_{机}$

7.2 矿物的电性质

矿物的电性是电选分离的依据。其电性指标有很多种,在此仅对电导率、介电常数、比导电度和整流性分别介绍。

7.2.1 电导率

矿物的电导率表示矿物的导电能力。它是电阻率的倒数,用 γ 表示电导率,则其数学表达式为:

$$\gamma = \frac{1}{\rho} = \frac{L}{RS}$$

式中 ρ——电阻率,$\Omega \cdot cm$;

R——电阻,Ω;

S——导体的截面积,cm^2;

L——导体的长度,cm。

矿物的电导率取决于矿物的组成、结构、表面状态和温度等。按电导率的大小，弗斯(R. M. Fuoss)将矿物分成三个导电级别。

(1)导体矿物 $\gamma > 10^{-4}\Omega^{-1} \cdot cm^{-1}$，这种矿物自然界很少，只有自然铜、石墨等极少数矿物。

(2)半导体矿物 $\gamma = (10^{-10} \sim 10^{-2})\Omega^{-1} \cdot cm^{-1}$。属于这类矿物的很多，有硫化矿物和金属氧化物，含铁锰的硅酸盐矿物，岩盐、煤和一些沉积岩等。

(3)非导体矿物 $\gamma < 10^{-10}\Omega^{-1} \cdot cm^{-1}$。属于这类的有硅酸盐和碳酸盐矿物。

非导体又称之为绝缘体或电介质。

7.2.2 介电常数

电荷间在真空中的相互作用力与其在电介质中相互作用力的比值，称为该电介质的介电常数。以 ε 表示介电常数，则：

$$\varepsilon = \frac{F_0}{F_\varepsilon}$$

式中 F_0 ——在真空中电荷间的相互作用力；

F_ε ——在电介质中电荷间的相互作用力。

导体的介电常数 $\varepsilon \approx \infty$，真空的介电常数 $\varepsilon = 1$(空气的 $\varepsilon \approx 1$)。也就是说非导体的介电常数近似等于1，半导体的介电常数介于两者之间。

7.2.3 比导电度

电选中，矿粒的导电性也常用比导电度(有的书称相对导电系数)来表示。比导电度愈小，其导电性愈好。

矿物颗粒的导电性，也就是电子流入或流出矿粒的难易程度，除了同颗粒本身的电阻有关外，还与颗粒和电极的接触界面电阻有关。其导电性又与高压电场的电位差有关。当电场的电位差足够大时，电子便能流入或流出。此时非导体矿粒便表现为导体。

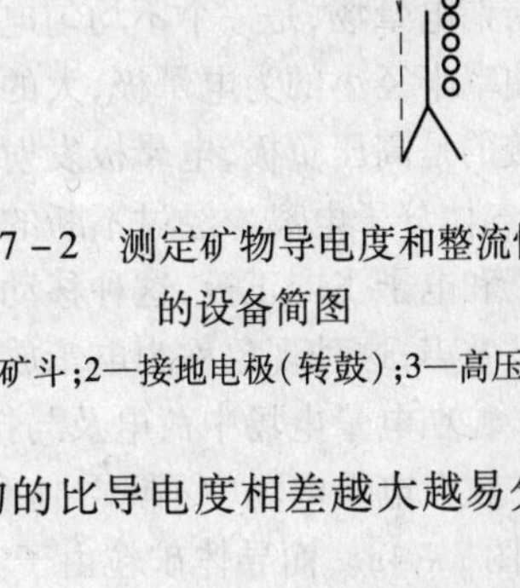

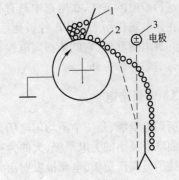

图 7－2 测定矿物导电度和整流性的设备简图

1—给矿斗；2—接地电极(转鼓)；3—高压电极

使矿物成为导体的电位差用图 7－2 所示的装置进行测定。高压电极 3 通以高压正电或负电。被测矿粒由给矿斗 1 给在转动的圆鼓 2 上面。矿粒进入电场首先被极化，导电性好的矿粒依高压电极 3 的极性，获得或失去电子而带负电或正电，被高压电极吸引，运动轨迹向高压电极一侧发生偏转。导电性差的矿粒，则在重力和离心力的作用下，按普通轨迹落下。如果提高电极电压至一定程度，导电性差的矿粒，也能成为导体而起跳。其运动轨迹也会向高压电极一侧偏转。因为石墨的导电性最好，所需电位差最低(2800V)，所以以它作为标准，其他矿物的电位差与此标准相比，其比值称为比导电度。两种矿物的比导电度相差越大越易分离。根据比导电度可大致确定电选时采用的电压高低。

7.2.4 矿物的整流性

在测定矿物的比导电度时发现，有些矿物只有当高压电极的极性为正，且电压达到一定数值时才起导体的作用，如电极为负时则为非导体。而另一些矿物，只有当高压电极的极性为负时，且电压达到一定数值才导电,如为正则不导电。还有些矿物则不论高压电极的极性为正或为负,只要电压达到一定数值,都可以起导体的作用,而开始导电,矿物所表现的这些电性我们称整流性。只获得负电的矿物称为负整流性矿物;只获得正电的矿物称为正整流性矿物;不论高压电极带负电或带正电,均能获得电荷的矿物称为全整流性矿物。

7.3 矿物在电场中带电的方法

使物体(矿粒)带电的方法很多,在电选中常用的有传导接触带电、感应带电、电晕带电、摩擦带电等几种,下面分别介绍。

7.3.1 传导(接触)带电

传导带电是使矿粒和带电电极直接接触,由于电荷的传导作用,导电性好的矿粒,获得与电极极性相同的电荷,被电极排斥。而导电性差的矿粒只能极化,在靠近电极一端产生符号相反的束缚电荷,另一端产生与电极相同的电荷,而受到电极吸引。利用矿粒的这一电性差异在电极上表现不同的行为,可达到分离的目的。

7.3.2 感应带电

此法与传导带电的不同点是矿粒不和带电电极直接接触,而是在电场中受到带电极的感应,使矿粒带电,如图 7-3 所示。感应后靠近负电极一端,产生正电荷;靠近正极一端产生负电荷,导体矿粒产生的正负电荷均可移走;非导体则不然,只是在电场中极化,正负电荷中心产生偏移,而正负电荷却不能移走。

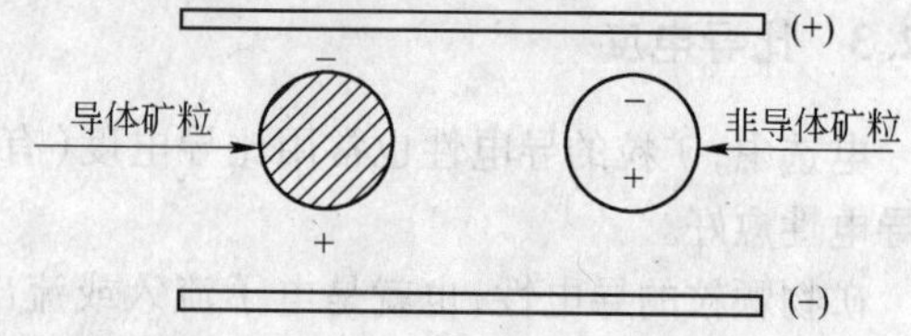

图 7-3 感应带电简单原理图

这种带电的方法,在电选中具有很重要的意义。在强电场作用下导体矿粒极化后,如果将其中的一种电荷移走,它就依据同电性相斥,异电性相吸的原理,使矿粒轨迹发生较大的偏移,就能将导体与非导体分开。

7.3.3 电晕带电

所谓电晕场,是一个不均匀电场,其中一个电极的曲率半径远比另一个电极的曲率半径小得多。曲率半径小的为电晕极,大的为接地极。当提高两电极间的电位差到某一数值时,如果电晕电极接的是高压负极,电晕极发射出大量的电子,这些电子以很高的速度运动。当与气体分子碰撞时,气体分子电离。经过不断的碰撞和电离,电场中气体的离子数大大增加,正离子飞向负极,负离子和电子飞向正极,这种移动形成了电晕电流。此时,在电晕极附近将有紫色微光出现,并伴有吱吱声,这种现象称为电晕放电。

矿粒在电晕电场中荷电及与接地极接触后的情况如图 7-4 所示。

矿粒在电晕电场中不论导体和非导体均能获得负电荷,但导体矿粒获得电荷比非导体矿粒多,见图 7-4a。而导体矿粒由于其导电性好,电荷吸附于表面后,能在表面自由移动,非导体表面的电荷则不能自由移动。当矿粒一旦与接地极接触后,见图 7-4b,导体表面所吸附的电荷迅速传走,同时还能荷上与接地极符号相同的电荷与接地极互相有斥力发生,非导体则由于其导电性差或不导电,表面吸附的电荷传不走,或要比导体大 100 ~ 1000 倍的时间才能传走一部分,与接地极互相吸引。在分选中经常要采用毛刷强制排矿才能将非导体排出。

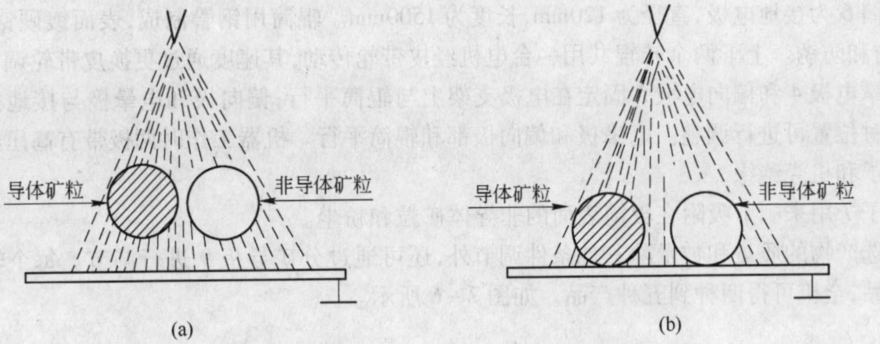

图7－4 矿粒在电晕电场中荷电及与接地极接触后的情况

(a)矿粒在电晕电场中荷电；(b)荷电后与接地极接触后的情况

7.3.4 摩擦带电

只要两种性质不同的物体互相摩擦，就会分别荷有电量相等符号相反的电荷。在电选中，可利用性质不同的矿粒互相摩擦带电，也可利用矿粒和给料槽表面互相摩擦带电。经摩擦带电的矿粒通过电场时，将分别被正、负电极吸引而被分离。

摩擦带电决定于物料的性质。实践证明两种不同的非导体颗粒互相摩擦后分开时，所获得的摩擦电荷比两种不同的导体摩擦后所获得的电荷要多。两种不同的非导体颗粒与同一接地金属极摩擦分开后，它们分别带上不等的异号电荷。故摩擦带电主要用于非导体矿物的分选。两种不同的非导体矿物和给料槽摩擦后，由于所荷电荷差异，进入回转电极的电场后，沿着不同的轨迹运动而被分开。

7.4 电选设备

目前电选机的种类很多，其分类原则也各不相同，但主要是按以下四个原则来分的：

(1)按矿物带电方法分为接触传导电选机、电晕带电电选机和摩擦带电电选机。

(2)按电场特征分为静电选矿机、电晕电选机和复合电场电选机。

(3)按结构特征分为鼓式电选机、室式电选机、振动槽式电选机、圆盘式电选机、溜槽式(滑板式)和摇床式电选机等。

(4)按分选粒度分为粗粒电选机和细粒电选机。

由于在生产中所使用的大多数为鼓筒式电选机(直径小的也称为辊式)，本节重点介绍辊式电选机。

7.4.1 ϕ120mm×1500mm 双辊电选机

ϕ120mm×1500mm 双辊电选机，是我国20世纪60年代的产品，为复合电场电选机，曾在生产上发挥了较大的作用，主要用于钨－锡分离，锆英石－金红石分离，以及钛铁矿－锆英石－独居石的分离上。该电选机构造如图7－5所示。由主机、加热器和高压静电发生器三部分组成。

(1)主机部分。主要由加热给矿装置1、辊筒(上下两个)电极6、电晕电极4、偏向电极5和分矿导板9等部分组成。

加热给矿装置1由给矿和圆辊组成，圆辊由电动机传动。设有加热和给料装置，加热后的原料给到圆辊上部，借圆辊的旋转将加热原料均匀地给到电选机上，借闸板改变给料口大小来调节给料量。

辊筒6为接地电极,直径为120mm,长度为1500mm。辊筒用钢管制成,表面镀硬铬,以便耐磨、光洁和防锈。上下两个转辊共用一台电机经皮带轮传动,其速度通过更换皮带轮调节。

电晕电极4和偏向电极5固定在电极支架上与辊筒平行,偏向极和电晕极与接地极辊筒之间的相对位置可进行调整。电晕极和偏向极都和辊筒平行。机器工作时两极带有高压电,因此,由绝缘子和机壳绝缘。

刷子7用来刷下吸附在辊筒表面的非导体矿粒和粉尘。

分选产物的质量和数量除其他条件调节外,还可通过分矿导板9进行调节。每个辊筒可得三种产品,全机可得四种到五种产品。如图7-6所示。

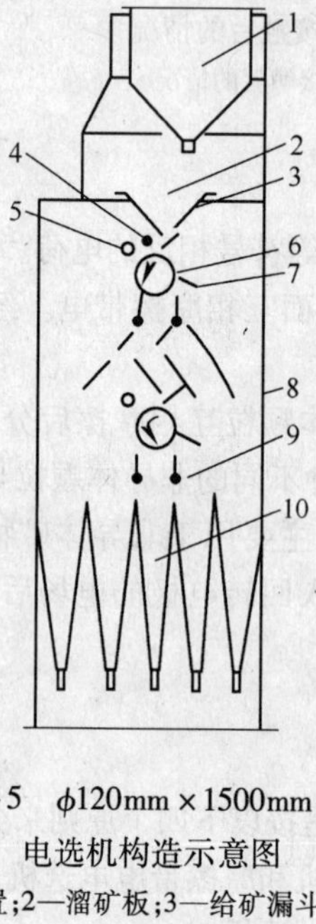

图7-5　ϕ120mm×1500mm 双辊电选机构造示意图

1—加热给矿装置;2—溜矿板;3—给矿漏斗;4—电晕电极;5—偏向电极;6—辊筒;7—刷子;8—机架;9—分矿导板;10—产品漏斗

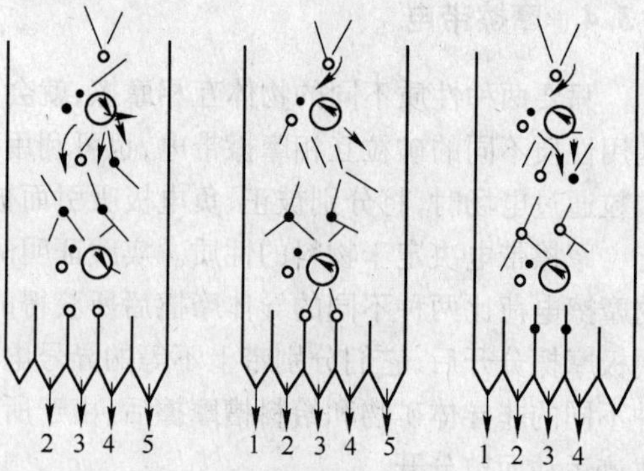

图7-6　分矿导板调节示意图

(2)高压直流发生器。由普通单相交流电先升压,再用二极管半波整流,并加以滤波电容,将正极接地,负极用高压电缆供给电选机的电极。最高电压为22kV。

(3)加热器。加热器设在给矿斗内。在加热器的底部,沿电选机长度方向,每隔100mm钻有直径7mm的圆孔,已加热的原矿经过这些圆孔均匀的给入电选机。

该电选机的分选过程是:当高压电源(负电)供给电晕极和静电极后,由于电晕极直径很小,当电压升高到一定程度,电晕极就会放出大量电子。这些电子将空气分子电离,正离子飞向负极,负离子飞向接地极,靠近辊筒一边的空间都带有负电荷。矿粒随转鼓进入电场后,导体和非导体都获得负电荷。导体的电荷通过转鼓很快被传走,同时又受到静电场的感应作用,靠近转鼓,一面感生负电,又被传走,只剩下正电荷。由于异性相吸,被吸向转向电极,加之重力和离心力的作用,致使导体矿粒从辊筒前方落下,成为精矿。非导体由于界面电阻大,所获负电荷难于传走,被吸附在鼓面上,带到转鼓后方被刷子强刷下成为尾矿。导电性介于导体与非导体之间的矿物落入中矿。

该电选机的优点为:设备构造简单,分选效果好,处理量大,运转可靠,操作简便。其缺点为:电压低,辊筒直径小,电场作用区窄等。

7.4.2 YD 型电选机

YD 型电选机,为长沙矿冶所所设计,目前有四种型号,为 YD-1 型、YD-2 型、YD-3 型和 YD-4 型。

YD 型电选机的特点是采用多根电晕电极带偏向电极的复合电场结构,放电区域较宽,矿粒在电场中带电机会较大,电压高,圆筒直径大,有加热装置,强化了电选过程。YD-1 型电选机构造与 ϕ5120mm×1500mm 双辊电选机相似,只有电晕电极组合形式不同。YD-1 型和 YD-2 型电选机主要用于试验室,YD-3 型和 YD-4 型为工业型电选机。

下面重点介绍 YD-2 型电选机。

YD-2 型的鼓筒为 ϕ300mm×300mm,工作一般是间断性的,矿量不多,故矿仓采用漏斗形,物料预热在其他设备中进行。接矿槽采用抽屉式接矿箱,整个机体放置在试验台上。圆筒内加热装置为一完整的圆筒形电阻加热器。该设备成功地用于白钨与锡石,黑钨与磷钇矿的分离。本机结构新颖,配合紧凑,运转安全可靠,指标稳定。其构造图如图 7-7 所示。

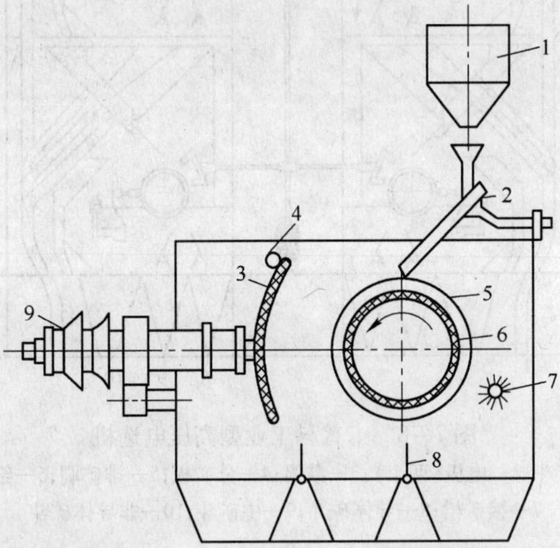

图 7-7 YD-2 型高压电选机构造图

1—锥形给矿斗;2—给矿槽;3—弧形电晕电极;4—偏转电极;5—接地金属鼓;6—圆筒加热器;7—排矿毛刷;8—产品分隔板;9—高压绝缘瓷瓶

7.4.3 卡普科高压电选机

该机为美国卡普科(Carpco)公司制造的一种新型高压电选机,全机有六个辊筒分两列配置。每列三个,第一个辊筒分出三种产品,可送到第二个和第三个辊筒再选,这样产品可进行多次分选,流程灵活。两组鼓筒并列,采用共用高压电源。其构造如图 7-8 所示。特点如下:

(1) 电极结构为电晕极和静电极结合的复合电场电极。入选角度,电极和鼓筒的距离均可调节。电晕极为特殊结构的束状放电电极。提高了分选效果。高压电源可用正电或负电,电压最高可达 40kV。

(2) 鼓筒直径有 150mm、200mm、250mm、300mm、350mm 等多种,可根据需要更换,用直流电机传动,可以无级变速。

(3) 处理量大。据报道,每厘米鼓筒长每小时可达 18kg。目前加拿大、瑞典都采用这种电选机,以提供高级铁精矿。

此机缺点是中矿循环量比较大,循环负荷为20%～40%。

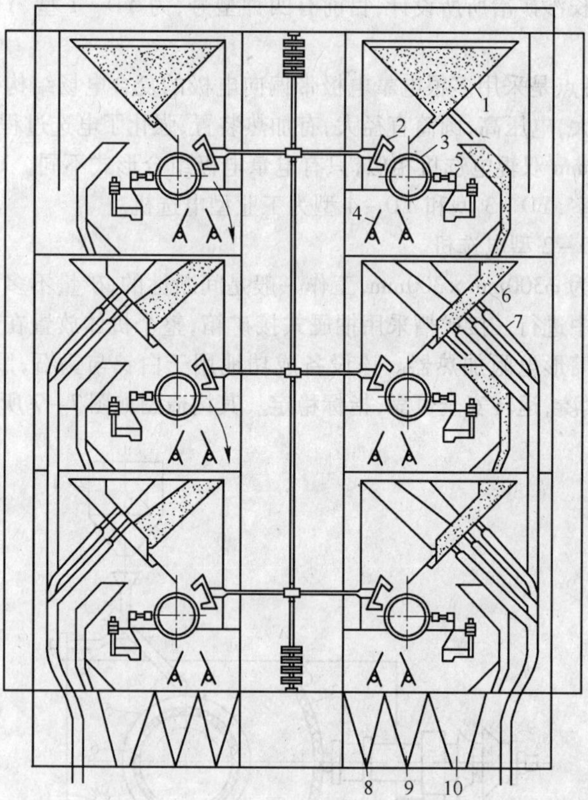

图7-8　卡普科工业型高压电选机

1—给矿斗;2—电极(两个);3—鼓筒;4—分矿板;5—排矿刷;6—给矿板;
7—接矿槽;8—导体矿斗;9—中矿斗;10—非导体矿斗

7.5　影响电选效果的操作因素

影响电选效果的操作因素有很多,现以复合电场电选机为例,概括有两个方面。

7.5.1　电选机工作参数的影响

电选机工作参数的影响有以下几个方面:

(1)电压大小。电压大小直接影响电场强度,同时也影响电晕放电电流的大小。电压高,电场强度大,电晕放电电流也大。

(2)电极的位置和距离。电晕电极的角度和距离的变化,影响到电晕电场充电区范围和电流的大小。电晕电极的作用是使矿粒充电,因而电晕电流的大小是决定分选效果的关键。

一般电晕电极距辊筒的距离为20～45mm,同辊筒的角度约为15°～25°为好。

偏向电极主要是产生静电场。它同转鼓电极相对位置的变化,能改变静电场的强度和梯度。它同转鼓的距离越小,静电场强度越大,当其距离太小会引起火花短路,因此,确定它的位置时应以不引起短路为原则。一般偏向电极距辊筒距离为20～45mm,它的角度为30°～90°。

偏向电极与电晕电极相对位置的变化对电场也有影响,常需在生产中根据原料性质通过试验确定。

(3)辊筒转速。辊筒转速大小决定矿粒在电场区的停留时间和矿粒的离心力。物料在电场中经过时间要保证约0.1s,就能使物料获得足够电荷。但转速也不能过低,过低会影响处理能力。一般大转速产量能提高,但矿粒的离心力也随着增大,这时会使矿粒所受的机械合力比静电吸引力大,非导体矿粒易混进导体部分,质量将下降。

辊筒转速与粒度的性质有关,一般粒度大时,转速应小些,粒度小时转速应大些。原料中大部分为非导体矿物时,为了提高非导体产品的质量,选用转速应稍大些。若原料大部分为导体矿粒,又为了提高导体产品质量,则转速可稍小些。

(4)分离隔板位置。分离隔板位置直接影响产品的质量和数量。通常前分离隔板比较突出。后分离隔板不明显,因为非导体是由毛刷排矿的。当要求导体纯净时,前分离隔板向前倾角可大些;若要求回收率高,则必须将前分离隔板向后倾。通常根据观察和经验,调整分离隔板位置。

7.5.2　物料性质的影响

物料性质主要指所处理物料的水分含量、粒度组成和物料表面特性等。

物料水分会降低矿粒间的电导率的差异,而且会使导体和非导体颗粒互相黏结,严重恶化分选过程。通常辊筒电选机的给料水分不宜超过1%。细粒比粗粒要求更严格。水分过高要加温干燥。

加温干燥,不仅降低水分,还能促使其电性发生变化。加温因矿石不同而异,不能统一规定温度。也不能加温太高,加温太高会破坏矿粒内部结构使电导率改变,反而造成恶果。如钽铌矿与石榴子石的分选,当温度升到300℃时,非导体石榴子石的导电性反而增加了,给分选造成了困难。干燥温度一般为100~250℃。

电选室内相对温度的变化,会引起矿粒表面水分的变化,因此,应注意室内空气温度对电选的影响。

用药剂处理分选物料,会改变矿粒表面电性,因此必要时,可采用具有一定选择性的药剂进行处理,以扩大分选物料间的电性差异。

矿粒在电选机中所受的离心力和重力,均和颗粒半径的立方成正比,因此物料粒度不均匀性对电选极为敏感。转辊转速一定,矿物颗粒愈大,需要相应增大电力(吸附力),来克服由于粒度加大而增大的离心力。但电力的加大是有一定限度的。因此目前被选物料粒度上限规定为3mm。但分选物料过细,由于互相黏附,也影响分选指标,因此分选粒度下限是0.05mm,最好分选粒级范围一般为0.18~0.38mm。

8 试验与检查

8.1 选矿厂取样

按取样对象不同,可分为静置物料和流动物料,不同的取样对象需要用不同的取样方法。

8.1.1 静置料堆的取样

它包括块状料堆(矿石堆或废石堆)和细磨料堆的取样。

8.1.1.1 块状料堆的取样

矿石堆或废石堆沿料堆的长、宽、深物料的性质都是变化的,加之物料块度大,不便舀取,所以取样工作比较麻烦。取样的方法有舀取法和探井法。

(1)舀取法(挖取法)是在料堆表面一定地点挖坑取样。当料堆是沿长度方向逐渐堆积时,通过合理地布置取样点即可保证矿样的代表性。反之,当物料是在一定地点沿厚度方向逐渐堆积,以致物料组成沿厚度方向变化很大时,表层舀取法的代表性将很差。这时,只能增加取样坑的深度,然后将挖出的物料缩分出一部分作为试样。

(2)探井法即在料堆的一定地点挖掘浅井,然后从挖出的物料中缩分出一部分作为试样。由于取样对象是松散物料,因而在挖井时必须对井壁进行可靠的支护,所以取样费用比较大。

8.1.1.2 细磨料堆的取样

最常见的是老尾矿场的取样,常用的方法是钻孔取样,可用机械钻或手钻,最简单的就是用普通的钢管人工取样。

8.1.2 流动物料的取样

流动物料是指运输过程中的物料,包括用矿车运输的原矿,皮带运输机以及其他各种运输设备上的干矿,给矿机和溜槽中的料流,以及流动中的矿浆。

最常用而又最精确的采取流动物料的方法是横向截流法(图8-1),即每隔一定时间,垂直于料流运动方向截取少量物料作为试样。取样的精度主要取决于料流组成的变化程度和截取频率。

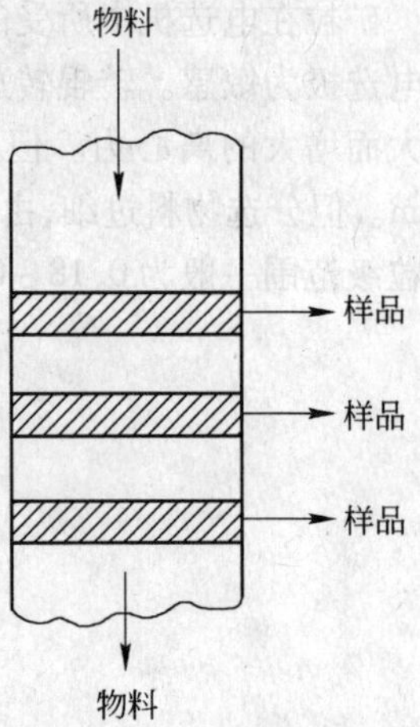

图8-1 横向截流示意图

8.1.2.1 抽车取样

当原矿石是用小矿车运来选厂时,可用抽车法取样。一般每隔5车、10车或20车抽一车,间隔大小主要取决于取样期间来矿的总车数,而在较少程度上取决于所需的试样量。

对原矿抽车取样实质上是从矿床取样,抽车只是一种缩分方法,取样的代表性主要取决于矿山运来的矿石本身是否能代表所研究的矿床或矿体。

8.1.2.2 在运输胶带上取样

选矿厂的松散固体物料(主要是原矿石),经常在运输胶带上取样。

取样方法可用人工取样,即利用一定长度的刮板,每隔一定时间(一般为15~30min)垂直于料流运动方向,沿料层全宽和全厚均匀地刮取一份物料作为试样。取样总时间为一个班至几个班。

8.1.2.3 矿浆取样

试样可用人工截取,也可用机械取样机采取。最常用的人工取样工具为带扁嘴的取样壶和取样勺(图8-2)。

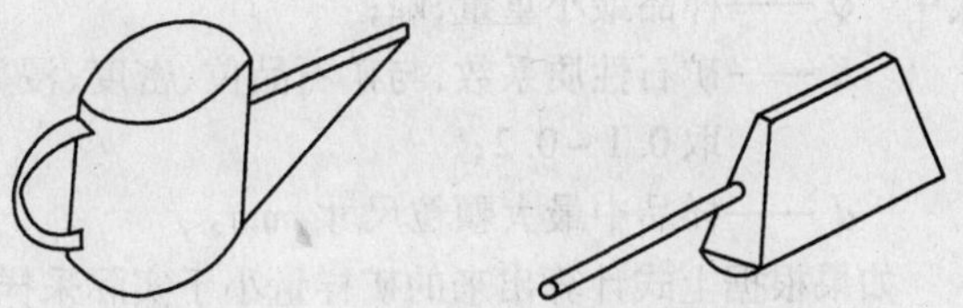

图8-2 人工矿浆取样壶和取样勺

(1)为保证样品的精确性,用取样勺取样时必须符合下列要求:采样勺开口宽度应大于待采物料最大颗粒的4~5倍;采样勺要求内壁光滑,易于倒出物料;采样勺容积不能小于一次截取物料所需的容积;每一采样点应有专用采样勺;采样时,样勺应等速横截通过矿浆流;样品倒出后要用清水冲洗干净。

当取样量较大时,也可直接用各种敞口的大桶接取。所用的桶尽可能深一些,以免接入桶中的试样被液流冲出,破坏试样的代表性。取样间隔一般为15~30min,取样总时间至少为一个班。

(2)机械采样机种类很多,这里仅介绍两种用得比较广泛的取样机。

往复式机械采样机,其构造如图8-3所示。此采样机一般用在溜槽上采取矿浆样,矿浆中允许最大粒度为3mm。

该机由电动机1直接带动丝杠2转动,并推动滑块3作往复运动。滑块下面连接采样管4进行自动采样。

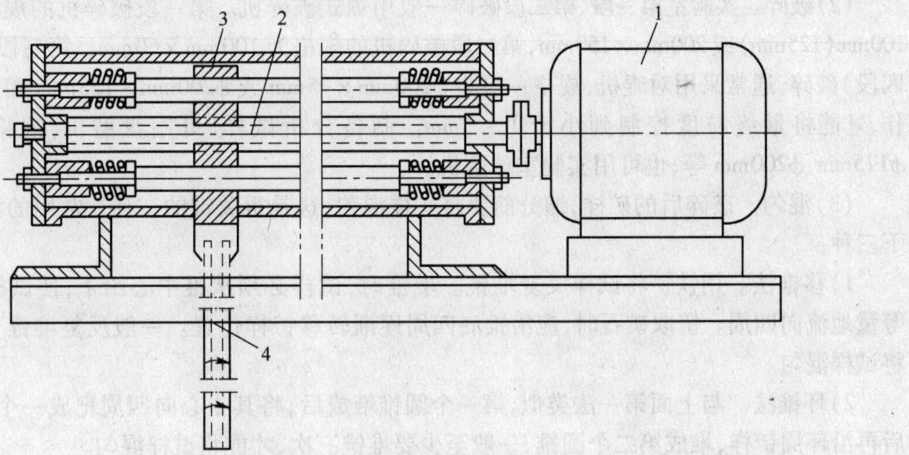

图8-3 往复式机械采样机

1—电动机;2—丝杠;3—滑块;4—采样管

8.2 试样的制备

矿石可选性试验,要求将取得的原矿试样,进行破碎,缩分成许多单份试样,以供各种分析、鉴定和试验项目使用,这项工作称为试样的制备。

8.2.1 矿样的破碎缩分计算

在矿样制备时,先进行破碎还是先进行缩分,视矿样量多少及矿粒大小而定。一般情况下常按经验公式(8-1)计算需要的矿样量。

$$Q = Kd^2 \tag{8-1}$$

式中 Q ——样品最小重量,kg;

K ——矿石性质系数,与矿石品位、密度、浸染粒度、有用矿物成分的均匀程度有关,一般取0.1~0.2;

d ——样品中最大颗粒尺寸,mm。

如果根据上式计算出来的矿样量小于实际采样量50%,说明矿样有多余,可先缩分后破碎,反之应先破碎后缩分。

矿样的制备包括破碎、筛分、混匀、缩分。按照上述作业的先后顺序以图的形式表示出来就称为矿样制备缩分流程图。试样缩分流程的繁简取决于试验项目的多少与试样的最初和最终粒度的大小。

8.2.2 试样的加工操作

试样加工包括四道工序:筛分、破碎、混匀、缩分。为了确保试样的代表性,每一项操作必须严格而又准确地进行。

(1)筛分。破碎前,往往要进行预先筛分,以减少破碎工作量。试样破碎后要进行检查筛分,将不合格的粗粒返回。粗碎作业,如果试样中细粒不多,而破碎设备生产能力较大,就不必预先筛分。

粗粒筛分可用手筛,细粒筛分常用机械振动筛。

(2)破碎。实验室第一段、第二段破碎一般用颚式破碎机。第一段破碎机的规格为150mm×100mm(125mm)或200mm×150mm,第二段破碎机的规格为100mm×60mm。第三段(有时还有第四段)破碎,通常采用对辊机,规格一般为ϕ200mm×75mm或ϕ200mm×125mm,需经反复闭路操作,才能将最终粒度控制到小于1~3mm。制备分析试样,可用盘磨机,规格有ϕ150mm、ϕ175mm、ϕ200mm等;也可用实验室球磨机。

(3)混匀。破碎后的矿样,缩分前要将矿样混匀,这是很关键的一环。常用的混匀方法有以下三种:

1)移锥法。用铁铲将试样反复堆锥。堆锥时,试样必须从锥中心给下,使试样从锥顶大致等量地流向四周。铲取矿石时,应沿锥底四周逐渐转移铲样位置。一般反复堆锥3~5次,即可将试样混匀。

2)环锥法。与上面第一法类似,第一个圆锥堆成后,将其中心向四周耙成一个环形料堆,然后再沿环周铲样,堆成第二个圆锥,一般至少要堆锥三次,才能将试样混匀。

3)翻滚法。此法适用于少量细粒物料。具体做法是:将试样放在胶布或漆布上,轮流地提起布的一角或相对的两角,使试样翻滚数次即可达到混匀的目的。

(4)缩分。混匀的试样要进行缩分,以达到所要求的样品重量,常用的缩分方法有以下几种:

1)四分法。将混匀的试样堆成圆锥,压平成饼状,然后用十字板或普通木板、铁板等沿中心十字线分割为四份,取其对角的两份合并为一份,虽称之为四分法,实际只将矿样一分为二。

2)多槽分样器(二分器)法。其通常用白铁皮制成,外形如图8-4所示。

它由多个向相反方向倾斜的料槽交叉排列组成,料槽倾角一般为50°左右。料槽总数一般为10~20个,太少不宜分匀。此法主要用于中等粒度矿样的缩分,也可用于缩分矿浆试样。

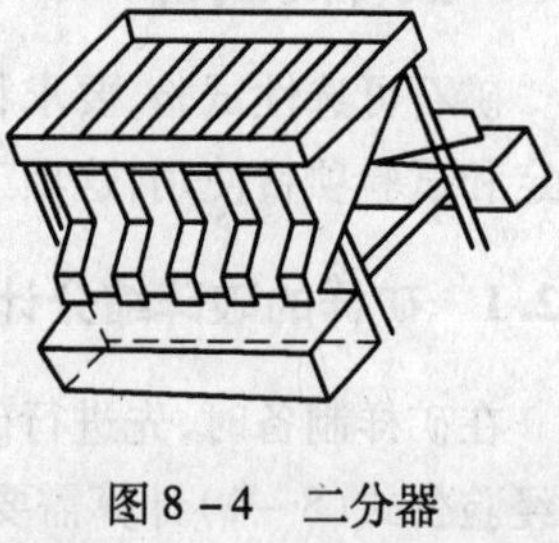

图8-4 二分器

3)方格法。将试样混匀以后摊平为一薄层,划分为许多小方格,然后用平底铲逐格取样。为了保证取样的准确性,必须做到以下几点:一是方格要划匀,二是每格取样量要大致相等,三是每铲都要铲到底。此法主要用于细粒矿样,可同时连续分出多个小份试样,因而常用于浮选、湿式磁选和分析试样的缩取。

图8-5为多金属硫化矿矿样加工缩分流程实例。

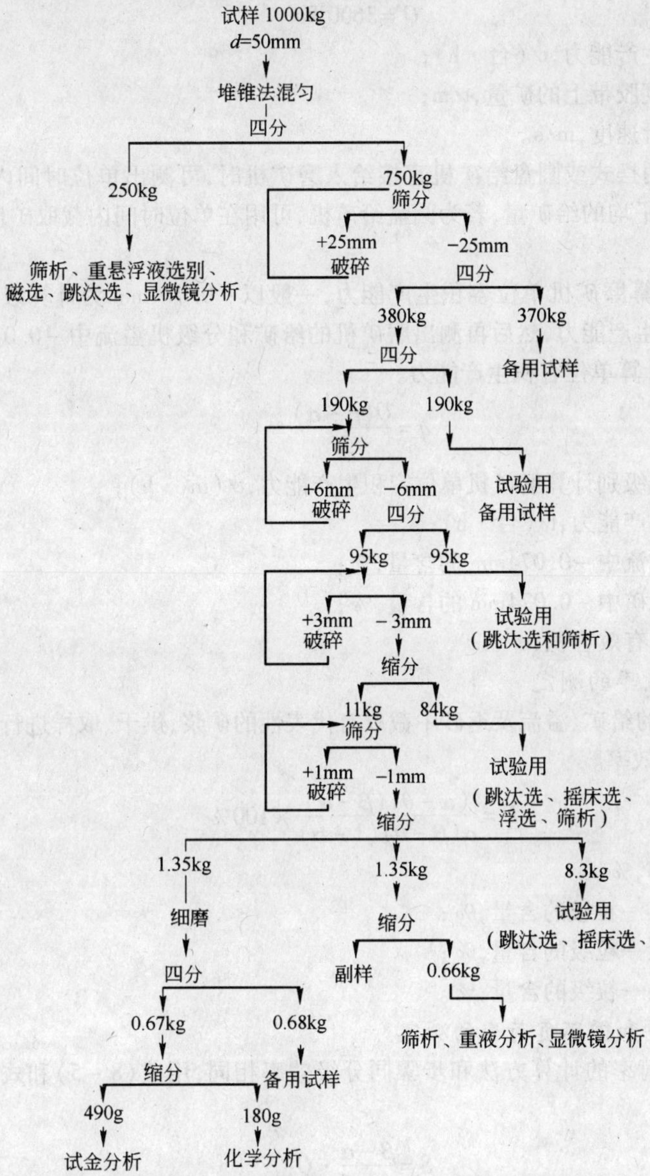

图8-5 多金属硫化矿矿样加工缩分流程实例

8.3 选矿工艺参数的测定

8.3.1 生产能力的测定

8.3.1.1 湿式磨矿机生产能力的测定

在一定给矿粒度和产品粒度的条件下,用单位时间内磨矿机处理的原矿量来计算磨矿机的生产能力，以 t/h 表示，常称之为台时处理能力。其测定方法是：

（1）在磨矿机前安装有自动记录电子胶带秤，可以较准确地测定磨矿机生产能力，以 t/(台·h)表示。

（2）磨矿机前如有给矿胶带机的可直接在给矿胶带上截取一定长度矿量称重，再测出给矿胶带的运行速度，则磨矿机的生产能力可由式(8－2)求出。

$$Q = 3600Wv \tag{8-2}$$

式中　Q——磨矿机生产能力，t/(台·h)；

W——一定长度胶带上的矿量，t/m；

v——胶带运行速度，m/s。

（3）磨矿机前采用摆式或圆盘给矿机直接给入磨矿机时，可测出单位时间内摆式给矿机摆动的次数及每次摆动平均的给矿量；若为圆盘给矿机，可用在单位时间内截取矿量的办法求出磨矿机的生产能力。

按新生成级别计算磨矿机单位容积生产能力，一般以 －0.074mm 为计算级别。测定时，首先必须测出磨矿机的生产能力，然后再测出磨矿机的给矿和分级机溢流中 －0.074mm 级别含量百分数，用式(8－3)计算单位容积生产能力。

$$q = \frac{Q(\beta - \alpha)}{V} \tag{8-3}$$

式中　q——按新生成级别计算磨矿机单位容积生产能力，t/(m³·h)；

Q——磨矿机生产能力，t/(台·h)；

β——分级机溢流中 －0.074mm 的含量，%；

α——磨矿机给矿中 －0.074mm 的含量，%；

V——磨矿机的有效容积，m³。

8.3.1.2　分级效率的测定

测定时从分级机的给矿、溢流及返砂中截取有代表性的矿浆，烘干、取样进行粒度分析，然后由式(8－4)计算分级效率。

$$E = \frac{(\alpha - \theta)(\beta - \alpha)}{\alpha(\beta - \theta)(1 - \alpha)} \times 100\% \tag{8-4}$$

式中　E——分级效率，%；

α——给矿中某一粒级的含量，%；

β——溢流中某一粒级的含量，%；

θ——返砂中某一粒级的含量，%。

8.3.1.3　返砂量和循环负荷率的测定

返砂量和循环负荷率的计算方法和步骤同分级效率相同，用式(8－5)和式(8－6)进行计算。

$$S = \frac{\beta - \alpha}{\alpha - \theta} \cdot Q \tag{8-5}$$

$$C = \frac{\beta - \alpha}{\alpha - \theta} \times 100\% \tag{8-6}$$

式中　S——磨矿机的返砂量，t/h；

C——磨矿机的循环负荷率，%；

α——磨矿机排矿中某一粒级含量，%；

β——分级机溢流中某一粒级含量，%；

θ——分级机返砂中某一粒级含量,%;

Q——进入磨矿机的矿量,t/h。

除上述测定方法外,另外还可用测定磨矿机排矿、分级机溢流及返砂的液固比来计算分级机的返砂量和循环负荷率。计算公式如式(8-7)和式(8-8)。

$$S=\frac{R_2-R}{R-R_1}\cdot Q \tag{8-7}$$

$$C=\frac{R_2-R}{R-R_1}\times 100\% \tag{8-8}$$

式中 S——返砂量,t/h;

C——循环负荷率,%;

R——分级机给矿的矿浆液固比;

R_1——分级机返砂的矿浆液固比;

R_2——分级机溢流的矿浆液固比;

Q——进入磨矿机的矿量,t/h。

8.3.2 浮选时间的测定

根据浮选槽单位时间内通过的矿浆量来计算所需浮选时间,可由式(8-9)求出:

$$t=\frac{60VnK}{Q_0\left(R+\frac{1}{\delta}\right)} \tag{8-9}$$

式中 t——作业浮选时间,min;

V——浮选机的容积,m^3;

n——浮选机的槽数;

K——浮选机内所装矿浆体积与浮选机有效容积之比,一般取0.65~0.75,泡沫层厚时取小值,反之取大值;

Q_0——处理干矿量,t/h;

R——液体与固体的重量比;

δ——矿石的相对密度。

8.3.3 矿浆密度、浓度和pH值的测定

8.3.3.1 *矿浆密度的测定*

测定方法:取一定容积(一般为1L)的容器,接满矿浆后称重,则可按式(8-10)求出矿浆密度。

$$\gamma=\frac{P_3-P_1}{P_2-P_1} \tag{8-10}$$

式中 γ——矿浆相对密度;

P_1——容器重,g;

P_2——容器和水重,g;

P_3——容器和矿浆重,g。

若已知干矿相对密度和矿浆浓度时,还可按式(8-11)求出矿浆相对密度。

$$\gamma=\frac{Q+W}{\frac{Q}{\delta}+W} \quad 或 \quad \gamma=\frac{\delta}{C+\delta(1-C)} \tag{8-11}$$

式中　Q——干矿量，t/h 或 kg/s；

W——水量，m^3/h 或 L/s（每立方米水的重量以 1t 计算）；

C——矿浆浓度，%；

δ——干矿相对密度。

在生产实践中，常利用公式（8－11）计算出矿浆密度，编制矿浆密度与矿浆浓度换算表。

8.3.3.2　*矿浆浓度的测定*

（1）烘干法。取一代表性的矿浆称重，然后把矿浆烘干再次称重，按式（8－12）计算矿浆浓度。

$$C = \frac{P_A}{P_B} \times 100\% \tag{8-12}$$

式中　C——矿浆浓度，%；

P_A——干矿重，g；

P_B——矿浆重，g。

用烘干法测定矿浆浓度需经一定时间才能得出结果，现场不常采用。

（2）浓度壶法。在生产现场中，通常用容积为 1L 的浓度壶，接满矿浆后称重，在已知浓度壶重量及干矿的密度时，通过查矿浆密度与矿浆浓度换算表即可得出矿浆浓度。

8.3.3.3　*矿浆 pH 值的测定*

（1）用 pH 试纸测定矿浆 pH 值。测定时，将 pH 试纸的纸条的 1/2～1/3 部分直接插入矿浆中，经过 2～3s 后取出试纸，看 pH 试纸接触矿浆部分变色程度与标准色进行对比，即可知道所测矿浆的 pH 值。这种方法简便，可以粗略地测出矿浆的 pH 值。

（2）用酸度计（或称 pH 计）测定矿浆 pH 值。测定时要根据所使用的酸度计说明书规定进行测定。如上海产的各种型号酸度计的工作原理是用电位法测定 pH 值的，主要是利用一对电极在不同 pH 溶液中产生不同的电动势。这对电极一支为玻璃电极，系指示电极，另一支为甘汞电极，系参比电极。在测定 pH 过程中指示电极是随着被测溶液 pH 值而变化的，而参比电极与被测溶液无关，仅起盐桥作用。

8.3.4　药剂浓度和用量的测定

8.3.4.1　*药剂浓度的测定*

（1）易溶解于水的药剂（如碳酸钠）浓度，是利用测药剂溶液密度的方法（已确定的药剂浓度其密度为一个定值）间接测出的。取已配好的药剂溶液 200～350mL，放在容器中（一般用 250～500mL 烧杯），将波美密度计轻轻地放进容器内，使其在药液中漂浮，待其稳定后，观察药液面交界处的浮标密度刻度即为药剂溶液的相对密度。将实测的药液相对密度与已确定药液相对密度进行核对，即知药剂浓度变化情况。

（2）较难溶解于水的脂肪酸药剂（如塔尔油）浓度，是先将配好的药液取样进行化学分析，测其脂肪酸的含量（因为已确定的药剂浓度其脂肪酸的含量是一个定值）后，间接得到的。

8.3.4.2　*药剂用量的测定*

液体药剂多采用斗式给药机或虹吸管式给药方式。测定时用量筒在给药处截取一定时间的药液，算出每分钟的药液体积，然后用式（8－13）算出药剂用量。

$$g = \frac{60 p \delta A}{Q_0} \tag{8-13}$$

式中　g——每吨矿规定的加药量，g/t；

p——药剂浓度,%；

δ——药液相对密度；

A——添加药液量的体积,mL/min；

Q_0——处理矿量,t/h。

若实测药液用量与需要量不符时,则应根据需要进行调整。

9 辅助作业

9.1 脱水

在工业生产中，对固体物料通常都采用湿法分选，选出的产物都是以矿浆的形式存在，在绝大多数情况下需进行固液分离。完成固液分离的作业在生产中称为脱水，其目的是得到含水较少的固体产物和基本上不含固体的水。

生产中常用的脱水方法有浓缩、过滤和干燥三种。选矿厂销售产物的脱水常采用浓缩和过滤两段作业或浓缩、过滤和干燥三段作业（见图9－1），而堆存或抛弃产物的脱水通常只采用浓缩一段作业。

对销售产物进行脱水是为了便于运输、防止冬季冻结以及达到烧结、冶炼或其他加工过程对产物水含量的要求。

抛弃产物一般不经脱水直接送堆存库，回收其中的水循环使用，或经1段浓缩。为了降低耗水量或防止废水污染环境，选矿厂都使用一定量的循环水，有的选矿厂循环水的用量甚至高达90%～95%，仅用少量新鲜水。

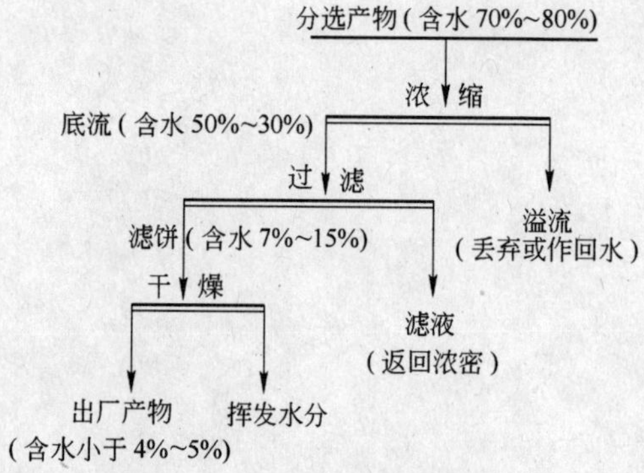

图9－1 典型的脱水流程图

此外，选矿过程中的某些中间产物，有时由于浓度太低，直接返回原流程会恶化选别过程，在这种情况下也需要对其进行脱水。

9.2 浓缩

浓缩是颗粒借助重力或离心惯性力从矿浆中沉淀出来的脱水过程，常用于细粒物料的脱水，常用的设备有水力旋流器、倾斜浓密箱和浓密机等。浓密机的工作过程如图9－2所示，矿浆从浓密机的中心给入，固体颗粒沉降到池子底部，通过耙子耙动汇集于设备中央并从底部排出，澄清水从池子周围溢出。

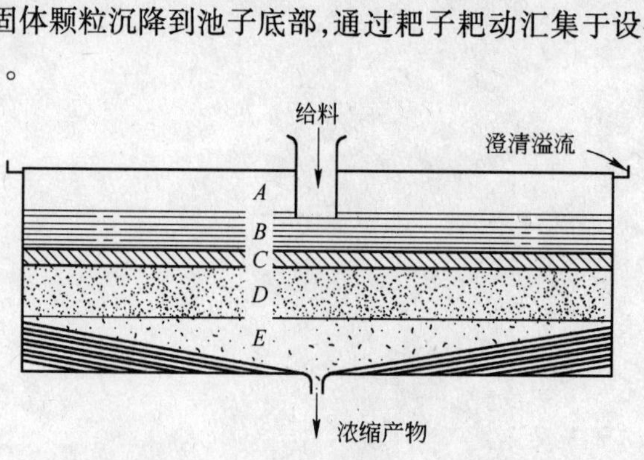

图9－2 浓密机的工作过程示意图

A—澄清带；*B*—颗粒自由沉降带；*C*—沉降过渡带；*D*—压缩带；*E*—锥形耙子区

浓缩作业的给料浓度为20%～30%。浓缩产物的浓度取决于被浓缩物料的密度、粒度、组成及其在浓密机中的停留时间等。对于密度为2800～2900kg/m^3 的分选产物，浓缩产物的浓度一般为30%～50%；密度为4000～4500kg/m^3 的分选产物，浓缩产物的浓度为50%～70%。

浓缩细磨物料时，为了防止溢流携带过多固体和提高浓缩设备的处理能力，常在浓缩前加入助沉剂（凝聚剂或高分子絮凝剂）以增加颗粒的沉降速度。常用的凝聚剂为无机盐电解质，例如，石灰、明矾、硫酸铁等，其中石灰最常用；常用的高分子絮凝剂为聚丙烯酰胺及其水解产物，用量为10～20g/t。

浓密机按其传动方式分为中心传动和周边传动两种。图9-3是中心传动式浓密机的结构，其主要组成部分包括浓缩池、耙架、传动装置、耙架提升装置、给料装置和卸料斗等。

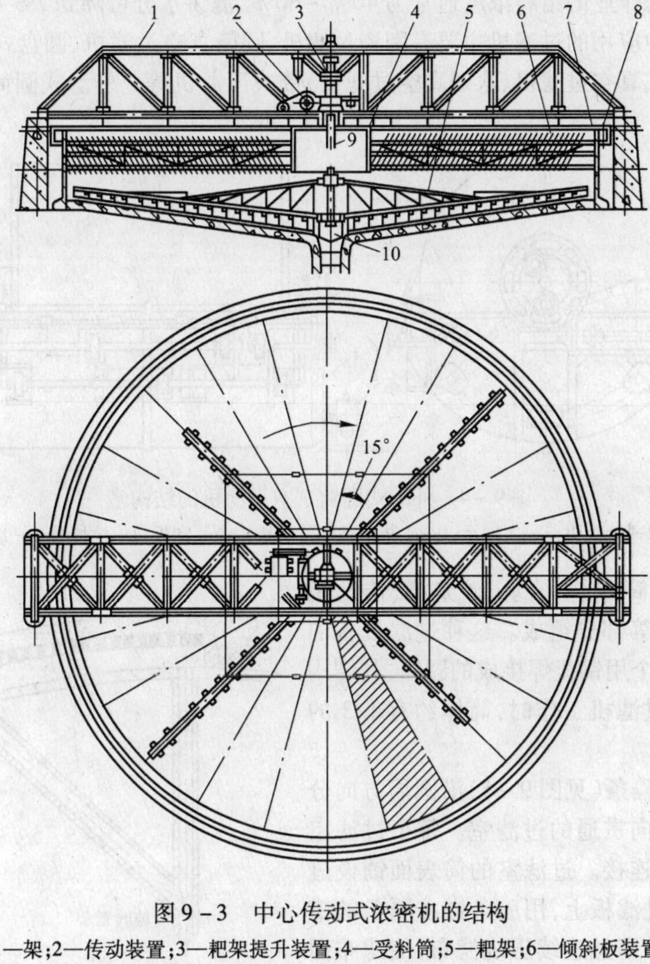

图9-3 中心传动式浓密机的结构
1—架；2—传动装置；3—耙架提升装置；4—受料筒；5—耙架；6—倾斜板装置；
7—浓密池；8—环形溢流槽；9—竖轴；10—卸料斗

圆柱形浓缩池用水泥或钢板制成，池底稍呈圆锥形或是平的。池中间装有1根竖轴，轴的末端固定有1个十字形耙架，耙架的下部有刮板。耙架与水平面成8°～15°，竖轴由电动机经传动机构带动旋转，矿浆沿着桁架上的给料槽流入池中心的受料筒，固体物料沉降在池的底部由刮板刮到池中心的卸料斗排出，澄清的溢流水从池上部环形溢流槽溢出。

浓密机中部设有耙架的提升装置，当耙架负荷过大时，保护装置发出信号并自动提升耙架，避免发生断轴或压耙事故。

周边传动式浓密机的基本构造和中心传动式的相同，只是由于直径较大，耙架不是由中心轴带动，而由周边传动小车带动。周边传动式浓密机由于耙架的强度高，其直径可以做得很大，最大规格已达 $\phi(100\sim180)$m。

浓密机具有构造简单、操作方便等优点，被广泛应用于浓缩各种物料。其缺点是占地面积较大，不能用来处理粒度大于3mm的物料，因为粒度大易于将底部堵塞。

9.3　过滤

过滤是借助于过滤介质（滤布）和压强差的作用，对矿浆进行固液分离的过程。滤液通过多孔滤布滤出，还含有一定水分的固体物料留在滤布上，形成一层滤饼。浓缩产物进一步脱水均采用过滤的方法，过滤作业的给料浓度通常为40%～60%，滤饼水分可降到7%～16%。

目前，选矿厂中应用的过滤机主要有陶瓷过滤机、圆筒真空过滤机、圆盘式（也称为叶片式）真空过滤机、折带式真空过滤机、永磁真空过滤机、带式压滤机等。外滤式圆筒真空过滤机的结构如图9－4所示。

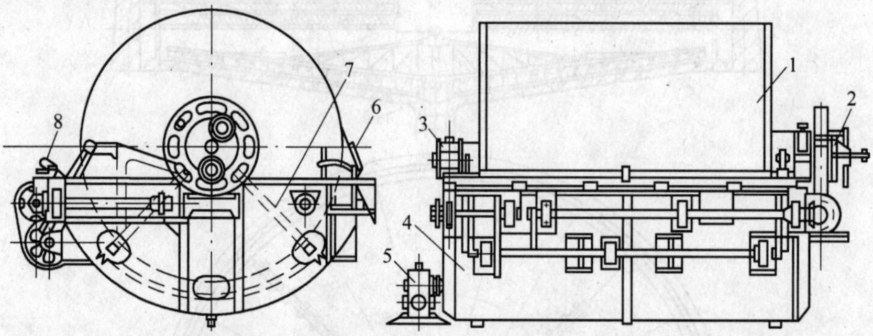

图9－4　外滤式圆筒真空过滤机的结构

1—筒体；2—分配头；3—主轴承；4—矿浆槽；5—传动机构；6—刮板；7—搅拌器；8—绕线机架

圆筒过滤机由筒体、主轴承、矿浆槽、传动机构、搅拌器、分配头等部分组成。这种过滤设备的主要工作部件是一个用钢板焊接成的圆筒，其结构如图9－5所示。过滤机工作时，筒体约有1/3的圆周浸在矿浆中。

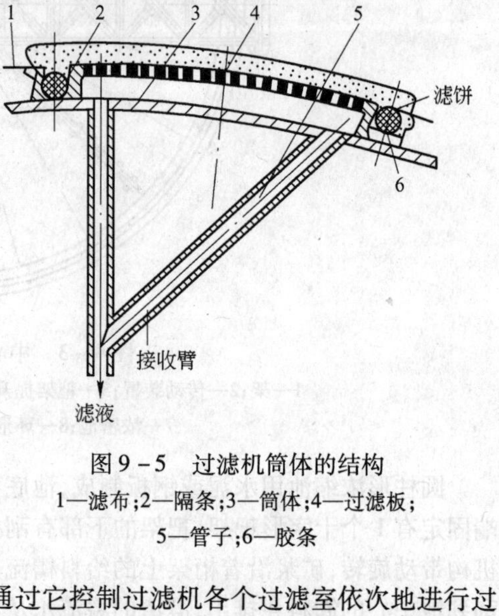

图9－5　过滤机筒体的结构

1—滤布；2—隔条；3—筒体；4—过滤板；5—管子；6—胶条

筒体外表面用隔条（见图9－5）沿圆周方向分成24个独立的、轴向贯通的过滤室。每个过滤室都用管子与分配头连接。过滤室的筒表面铺设过滤板，滤布覆盖在过滤板上，用胶条嵌在隔条的槽内，并用绕线机构将钢丝连续压绕滤布，使滤布固定在筒体上。筒体支承在矿浆槽内，由电动机通过传动机构带动作连续的回转运动。筒体下部位于矿浆槽内，为了使槽内的矿浆呈悬浮状态，槽内有往复摆动的搅拌器，工作时不断搅动矿浆。

分配头是过滤机的重要部件，其位置固定不动，通过它控制过滤机各个过滤室依次地进行过滤、滤饼脱水、卸料及清洗滤布。分配头的一面与喉管严密地接触，并能相对滑动；另一面通过管路与真空泵、鼓风机联结。分配头内部有几个布置在同圆周上并且互相隔开的空腔，形成几个区域,如图9-6所示。

Ⅰ区和Ⅱ区与真空泵接通,工作时里面保持一定的真空度。与Ⅰ区对应的筒体部分浸没在矿浆中,称为过滤区。Ⅱ区在液面之上,称为脱水区。Ⅳ区和Ⅵ区都与鼓风机相通,工作时里面的压强高于大气压,Ⅳ区为卸料区,Ⅵ为滤布清洗区。Ⅲ、Ⅴ、Ⅶ区不工作,它们的作用是把其他几个工作区分隔开,使之不能串通。

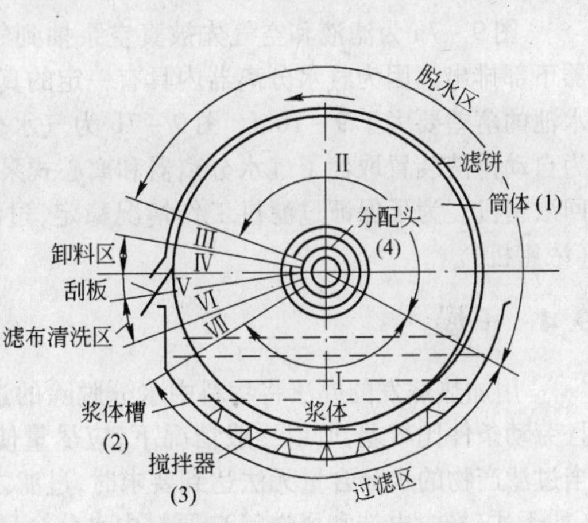

图9-6　分配头分区及过滤机工作原理示意图

筒体旋转过程中,每个过滤室都依次地同分配头的各个区域接通,过滤室对着分配头某个区域时,过滤室内就有和这个区相同的压强。喉管和分配头之间既要相对滑动,又要严密地接触,不漏气,它们之间的接触面磨损是不可避免的。为了便于维修,在它们之间往往加2个称为分配盘和错气盘的部件,以便磨损后更换。分配盘具有与分配头相同的分区;错气盘具有与喉管相同的孔道。过滤机工作时,筒体在矿浆槽内旋转。筒体下部与分配头Ⅰ区接通,室内有一定的真空度,将矿浆逐渐吸向滤布。水透过滤布经管子被真空泵抽向机外,在滤布表面形成滤饼。圆筒转到脱离液面的位置后,进入Ⅱ区,滤饼中的水分被进一步抽出。圆筒转到Ⅳ区时,和鼓风机接通,将滤饼吹动,并通过刮板将滤饼刮下。圆筒转到Ⅵ区后,继续鼓风并清洗滤布,恢复滤布的透气性。圆筒继续旋转,又进入过滤区开始下一个循环。

滤布是过滤机的重要组成部分,对过滤效果起重要作用。通常要求滤布具有强度高、抗压、韧性大、耐磨、耐腐蚀、透气性好、吸水性差等性能,以降低滤饼水分,提高过滤机的生产能力,减少滤布消耗。

过滤机的真空压强通常为80~93kPa,瞬时吹风卸料的风压为78~147kPa。滤饼厚度一般为10~15mm,有时也可以达到25~30mm。

外滤式真空过滤机主要用于过滤粒度比较细、不易沉淀的有色金属矿石和非金属矿石的浮选泡沫产品;内滤式真空过滤机主要用于过滤磁选得出的铁精矿;圆盘过滤机和陶瓷过滤机适用于过滤细料产物。

生产实践中常利用真空过滤机、气水分离器、真空泵、鼓风机、离心式泵、自动排液装置、管路等组成过滤作业工作系统,常见的联系与配置方法有三种,如图9-7所示。

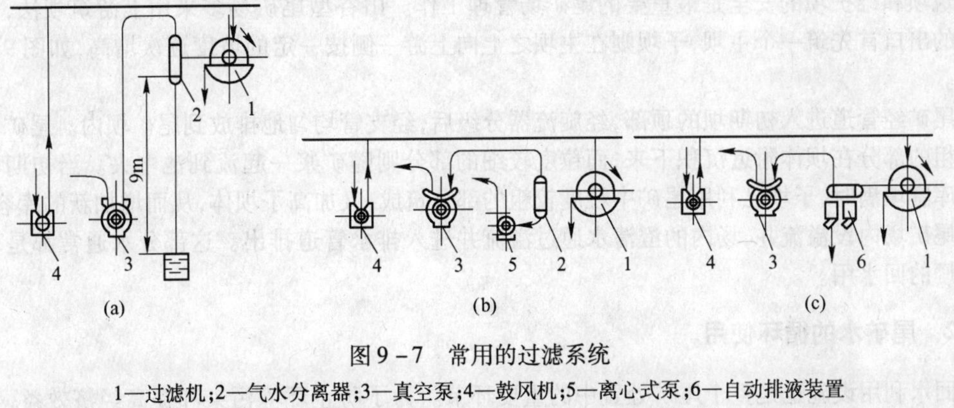

图9-7　常用的过滤系统

1—过滤机;2—气水分离器;3—真空泵;4—鼓风机;5—离心式泵;6—自动排液装置

图 9－7a 为滤液和空气先被真空泵抽到气水分离器中，空气从上部抽走，滤液从气水分离器下部排出。因为气水分离器内具有一定的真空度，为了防止滤液进入真空泵内，气水分离器与水池的落差要大于 9～10m。图 9－7b 为气水分离器中的滤液用离心式泵强制排出。图 9－7c 为自动排液装置取代了气水分离器和离心式泵。排出的滤液中含有一定的固体，不宜丢弃，常返回浓密机。为了保证过滤机工作情况稳定，过滤机的矿浆槽要有一定的溢流量，返回前一作业（浓密机）。

9.4　干燥

用加热蒸发的办法将物料中水分脱除的过程称为干燥。由于干燥过程的能耗大、费用高，且劳动条件比较差，所以一般情况下，应尽量使过滤产物的水分含量达到要求，不设干燥作业。当过滤产物的水分含量无法达到要求时，过滤之后再对产物进行干燥。此外，对于某些分选方法（如干式磁选、电选和风选等），原料中水分含量的波动对选别指标影响较大，在进行选别前需要对物料进行干燥，使其中的水分含量达到作业要求。

工业生产中常用的干燥设备有转筒干燥机、振动式载体干燥机和旋转内蒸干燥机等。转筒干燥机以一个圆筒为主体，圆筒略带倾斜，倾角 1°～2°，绕中心轴旋转，物料从圆筒向上倾斜的那一端给入，热风自燃烧室抽出后进入圆筒内，热风与物料接触，互相产生热交换，水分蒸发，使物料干燥。干燥机排出的废气，经过旋风集尘器回收其中携带的微细固体颗粒后排入大气中。在干燥机内，物料与热风的流向有顺流和逆流两种。干燥后物料的水分通常可降至 2%～6%，根据需要也可使物料的水分降到 1% 以下。

9.5　选矿厂尾矿的处置

选矿厂尾矿的处置包括贮存、尾矿水的循环使用和尾矿水净化三方面。

9.5.1　尾矿的贮存

尾矿设施是矿山生产中的重要环节，并与周围居民的安全和农业生产有着重大关系。因此，在建设和生产中必须予以充分重视。

选矿厂一般尾矿量都是很大的。例如一个日处理 10000t 原矿的有色金属矿石选矿厂，尾矿的产率以 95% 计，每天排出的尾矿量为 9500t，其体积约为 $5000m^3$。

尾矿的运输和堆存方法取决于尾矿的粒度组成和水分含量。重选厂产出的粗粒尾矿可采用矿车、皮带运输机、索道和铁路等运输方法；浮选厂和磁选厂排出的浆体状尾矿，一般采用砂泵运输，通过管道送至尾矿库。

筑坝和维护坝的安全是最重要的尾矿场管理工作。山谷型尾矿场多采用上游筑坝法，即在山谷的出口首先筑一个主坝，子坝则在主坝之上向上游一侧按一定的坡度逐次增高，如图 9－8a 所示。

尾矿经管道进入初期坝的顶部，经旋流器分级后，经支管均匀地排放到尾矿坝内。尾矿中粒度较粗的部分在坝体附近沉积下来，而粒度较细的部分则随矿浆一起流到池中央。当初期坝形成的库容填满时，子坝已利用尾矿中粒度较粗的部分筑成，又加高了坝体，从而增加新的库容。

尾矿场内设溢流井，场内的澄清水通过溢流井进入排水管道排出。这部分水通常都是作为选矿厂的回水用。

9.5.2　尾矿水的循环使用

回水利用设施也是整个尾矿处置中的重要环节。为了防止环境污染和提高经济效益，生产

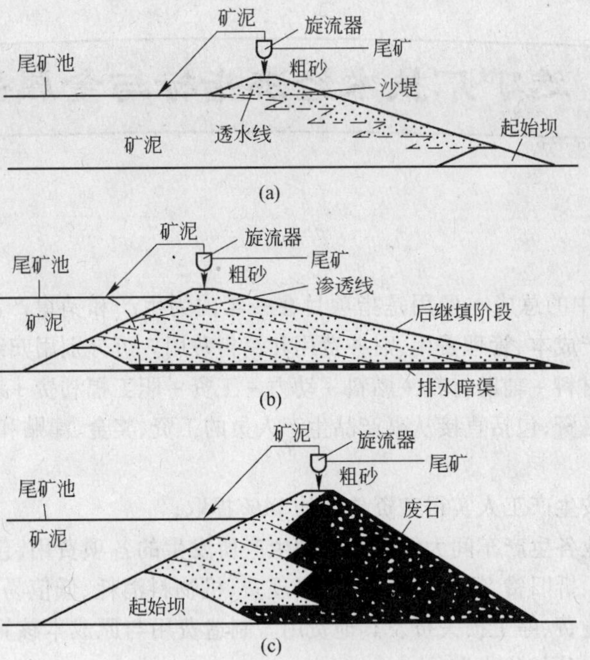

图 9－8 尾矿坝的构筑方法示意图

(a)上游法;(b)下游法;(c)采矿废石筑坝法

中都是尽可能多地利用尾矿水,减少选矿厂的新水供应比例。

使用回水的方法主要有两种:一种是尾矿经浓密机浓缩,浓密机的溢流作为回水使用,底流送到尾矿库,回水率可达 40% ~70%,主要用于重选厂或磁选厂,其优点是既可以减少输水管道的长度和动力消耗,又可以减少尾矿矿浆的输送量,但回水质量较差。另一种方法是将尾矿矿浆全部输送到尾矿库,经过较长时间的沉淀和分解作用以后,澄清水经溢流井用管道再送回选矿厂,回水率可达 50%。后一种方法的优点是回水的水质好,但输水管路长,动力消耗大,经营费用较高。图 9－9 是尾矿库回水系统的示意图。

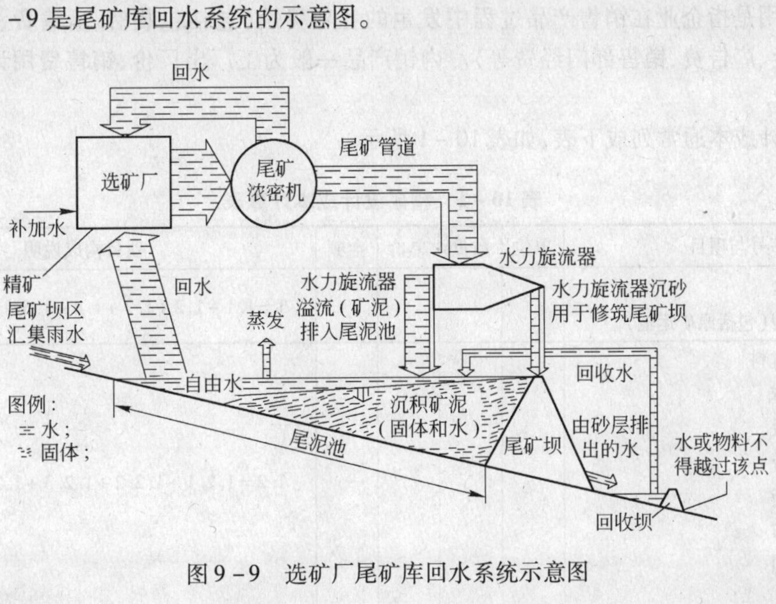

图 9－9 选矿厂尾矿库回水系统示意图

10 选矿厂技术经济指标与金属平衡

10.1 成本

项目财务评价中的总成本费用是指项目在一年内为生产和销售产品所花费的全部费用。总成本费用包括生产成本、管理费用、财务费用和销售费用。可分别用归纳出的公式进行估算。

生产成本 = 原材料 + 辅助材料 + 燃料 + 动力 + 工资 + 职工福利费 + 制造费;

工资系指直接工资,包括直接从事产品生产人员的工资、奖金、津贴和补贴,即生产工人实得的全部工资总额;

职工福利费系按生产工人实得工资总额的14%提取;

制造费系指企业各生产车间为组织和管理生产所发生的各项费用,包括各生产车间管理人员工资、职工福利费、折旧费、经营性租赁费、修理费、机物料消耗、低值易耗品、取暖费、水电费、办公费、差旅费、运输费、停工损失费及其他费用。制造费用与原成本核算制度中的车间经费相似,核算内容也基本相同,公式为:

制造费用 = 折旧费 + 修理费 + 经营性租赁费 + 其他费用

矿山企业固定资产折旧费一般采用平均年限法,即在固定资产预计使用年限中平均分摊。

管理费用 = 无形资产摊销费 + 开办摊销费 + 技术转让费 + 技术开发费 + 土地使用费 + 其他管理费

无形资产包括专利权、商标权、著作权、土地使用权、非专利技术、商誉等。企业通过计提摊销费回收无形资产的资本支出,无形资产从开始使用之日起,在有效使用期限内平均摊入管理费中。

财务费用 = 利息支付(包括长期负债利息和流动资金借款利息) + 其他财务费

销售费用是指企业在销售产品过程中发生的各项费用(包括包装费、运输费、装卸费、保险费、销售佣金、广告费、销售部门经费等)。内销产品一般为工厂出厂价,销售费用计算到工厂仓库(精矿仓)。

精矿设计成本通常列成下表,如表10-1所示。

表10-1 精矿设计成本计算表

序号与项目	单位	数量	单价	金额	项目构成说明
1. 生产成本 1.1 原矿费(包括原矿运输)					1 = 1.1 + 1.2 + 1.3 + 1.4 + 1.5 + 1.6
1.2 辅助材料 1.2.1 钢球 1.2.2 衬板 1.2.3 胶带 1.2.4 油脂 1.2.5 滤布 1.2.6 药剂 ⋮					1.2 = 1.2.1 + 1.2.2 + 1.2.3 + 1.2.4 + …

续表 10-1

序号与项目	单位	数量	单价	金额	项目构成说明
1.3 燃料 1.3.1 煤					
1.4 动力 1.4.1 电 1.4.2 水					1.4 = 1.4.1 + 1.4.2
1.5 生产工人工资及附加工资					
1.6 制造费 1.6.1 折旧费 1.6.2 维修费 1.6.3 其他					1.6 = 1.6.1 + 1.6.2 + 1.6.3
2. 管理费 2.1 摊销费 2.2 其他					2 = 2.1 + 2.2
3. 财务费 3.1 利息支出 3.2 其他					3 = 3.1 + 3.2
4. 销售费					
总成本(工厂成本)					= 1 + 2 + 3 + 4
选矿加工费					(总成本 - 原矿费)/年原矿量(t)

10.2 销售收入

在项目财务评价中,假设年生产量等于年销售量,销售收入等于年生产量乘以销售单价。正确地确定销售数量和销售价格是做好项目财务评价的主要前提。

10.3 税金

税法规定所有矿产资源征收增值税、城乡维护建设税、资源税和教育费附加。

(1)增值税金是对经过本企业加工而增加的价值部分征税,即从产品销售收入中扣除原料、辅助材料、燃料、动力、零配件等费用后所剩余的部分乘以增值税率。

(2)城乡维护建设税金是以产品销售收入为基数乘以其税率。

(3)资源税随产品类别、开采条件等不同而异,以每开采 1t 矿产资源计税。

(4)教育费附加税金额是以增值税额为基数乘以其税率。

(5)所得税税率规定为应纳税所得额(一般为利润总额)的 25%。

利润总额 = 产品销售收入 - 总成本费用 - 产品销售税金及附加

税后利润 = 利润总额 - 所得税

10.4 劳动定员

职工定员应根据设计选矿厂的实际需要和国家有关部门制订的劳动人事条例进行编制。应力求减少职工人数,压缩非生产人员,提高直接生产工人的比例,合理确定劳动组织,争取厂外协作,把可能交由社会负担的服务性工作交给厂外有关单位管理。

(1)岗位定员。应根据岗位特性进行定员:1)设备岗位定员,根据设备特性、配置和操作要求确定,如碎矿、磨矿等岗位;2)定额(或效率)定员,根据工作量和生产要求确定,如取样、手选、搬运等工种;3)比例定员,按占全员的一定比例确定;4)机械设备维修人员,根据车间设备重量和承担的机械检修范围以及装备水平和要求确定;5)管理人员定员,根据隶属关系、职工人数、职责范围等确定。

(2)在籍(册)人数计算。选矿厂连续工作制年工作365天,间断工作制系从365天中扣除法定休息日和节假日,如目前我国实行的年工作254个工作日,选矿工人出勤率按92%~94%,设计时要考虑在籍人员系数,即:

$$在籍人员系数=\frac{企业全年工作天数}{(365-法定休息日-节假日)\times 出勤率}$$

$$在籍人员数=出勤人数\times 在籍人员系数$$

在籍人员数应按各个工段不同工种的定员人数分别计算,可参照选矿厂生产工人定员定额标准。直接生产人员中的工程技术人员和非直接生产人员(如调度员、话务员除外)均不考虑在籍人员系数。非直接生产人员比例,根据国家和冶金工业部文件要求控制在企业全员人数的18%以内。

(3)劳动生产率。通常选矿厂只按年处理原矿量(t/a)计算全员和直接生产工人的实物生产率,即:

$$全员劳动生产率=\frac{年处理原矿量}{全员人数}$$

$$直接生产工人劳动生产率=\frac{年处理原矿量}{直接生产工人数}$$

选矿厂劳动生产率与其自动化程度、设备装备、选矿厂规模、工艺流程、操作与经营管理水平以及建厂地区的技术经济条件等因素有关,设计时应综合考虑确定。

10.5　选矿厂的技术经济指标

衡量一个选厂经营管理情况的技术经济指标主要有:(1)选厂的生产能力;(2)处理原料的组成;(3)分选产物的质量与等级(包括精矿水分);(4)有价组分的回收率;(5)主要设备的运转率(也称作业率);(6)处理1t原料的加工费或生产1t销售产品的成本;(7)全员劳动生产率及工人劳动生产率;(8)处理1t物料的水、电、油、药及其他易耗材料(如钢球、滤布、衬板、煤、润滑油等)的消耗;(9)主要设备的利用系数;(10)税金与利润。表10-2是某铁矿石选矿厂生产技术指标的一个实例。

表10-2　某铁矿石选矿厂的生产技术指标一览表

序　号	项　目	单　位	指　标
1	原矿铁品位	%	30.82
2	铁精矿品位	%	66.93
3	铁回收率	%	80.30
4	尾矿铁品位	%	11.22
5	选矿比	倍	2.84
6	铁精矿水分	%	10.10
7	铁精矿生成成本	元/t	366.52
8	全员劳动生成率	t/(人·d)	100.20

续表 10-2

序号	项目	单位	指标
9	球磨机作业率	%	88.10
10	过滤机利用系数	$t/(m^2 \cdot h)$	0.73
11	主要材料消耗(按原矿计)		
	(1)一次球磨钢球	kg/t	1.04
	(2)二次球磨钢球	kg/t	0.52
	(3)球磨机衬板	kg/t	0.14
	(4)油脂	kg/t	0.02
	(5)滤布	m^2/万吨	9.15
	(6)电	kW·h/t	30.10

10.6 选矿厂金属平衡表的编制

选矿生产中,进入选矿作业的金属含量和选矿产品中的金属含量的平衡,称之为金属平衡。金属平衡有理论金属平衡和实际金属平衡之分。理论金属平衡表是根据原矿和产品的理论重量和化验品位来编制的,实际金属平衡表是根据原矿和产品的实际重量和化验品位来编制的,它代表选矿过程的实际情况。两者的主要区别在于,前者不考虑选矿各个阶段中产品的机械损失,所以理论金属平衡中计算的理论回收率一般都高于实际金属平衡中的实际回收率。若机械损失等于零,则二者相等,说明操作是在理想情况和标准情况下进行的。

10.6.1 理论金属平衡表的编制

质量流程计算中,产品的产率是根据产品的化验品位推算得来的,因而算出的产率和回收率是理论产率和理论回收率,所以理论金属平衡的计算方法应按质量流程的计算方法进行。

10.6.2 实际金属平衡表的编制

实际金属平衡是根据原矿和产品的实际重量及化验结果进行编制的。实际金属平衡表现场一般每月编制一次。编制实际金属平衡表所需的原始资料包括:

(1)处理原矿石重量、所产精矿重量、尾矿重量、损失重量;

(2)在厂半成品(矿仓、浓缩机存矿)所储盘存量;

(3)原矿、精矿、尾矿及在厂半成品、损失物的化验品位。

选矿生产中因盘存矿仓和浓缩机中的金属量比较麻烦,而且又不准确,所以有的选矿厂尽量使这一部分在厂半成品保持一定,不进行盘存,这样计算实际金属平衡就简单多了。

$$Q\alpha = K_j\beta + T_W\theta + S_S\theta_S \tag{10-1}$$

式中 Q——本月进厂的原矿量,t;

α——本月进厂原矿的品位,%;

K_j——本月产出精矿的重量,t;

β——本月产出精矿的金属品位,%;

T_W——本月产出尾矿的重量,t;

θ——本月产出尾矿的金属品位,%;

S_S——本月损失部分的重量,t;

θ_S——本月损失部分的金属品位,%。

实际金属平衡中实际回收率（ε_{sh},%）的计算公式：

$$\varepsilon_{sh}=\frac{\text{精矿的金属量}}{\text{原矿的金属量}}=\frac{K\beta}{Q\alpha}\times100\% \qquad (10-2)$$

损失部分包括：浮选机的跑槽及出现故障时的溢出物、浓缩机的溢流"跑浑"、皮带机的掉矿、球磨给矿处的漏矿、精矿运输车辆漏矿等等。在操作过程中力求减少损失，以提高精矿的实际回收率。

11 选矿工艺流程实例

11.1 有色金属硫化矿的选别

以铜钼矿浮选为例。以铜为主伴生有钼的铜钼矿常呈斑岩铜矿床存在于自然界，产于斑岩铜矿中的铜约占世界铜储量的三分之二。我国江西德兴铜矿就是一个特大型斑岩铜矿。

斑岩铜矿的特点是：原矿品位低，常伴生有钼，一般含铜0.5%～1%，含钼0.01%～0.03%，嵌布粒度细，多为浸染状，储量大，选厂规模大。

斑岩铜矿中的铜矿物，多数为黄铜矿，其次为辉铜矿，其他铜矿物较少。钼矿物一般为辉钼矿。

斑岩铜矿不仅是铜的重要资源，也是钼的重要来源，还常常赋存有铼、金、银等稀贵元素。

11.1.1 斑岩铜矿浮选工艺的特点

(1) 选别流程：大都采用粗精矿再磨再选的阶段选别流程，即在粗磨（60%～65%为-74μm）的条件下进行铜钼混合粗选，所得粗精矿再磨（90%～95%为-74μm）后，进一步精选。典型选别流程如图11-1所示。

(2) 斑岩铜矿的浮选：一般是铜钼混合浮选，尽量地把钼选入铜精矿中。当钼含量太低，浮选无法分离或可分离而不经济时，则选矿厂只产铜钼混合精矿。浮选辉钼矿最好的pH值为8.5，一般视矿石中黄铁矿的含量及抑制它的需要，pH值可在8.5～12的范围内调节。

(3) 浮选药剂：铜钼混选的捕收剂，最常用的是黄药。用黑药、Z-200、煤油等作辅助捕收剂。使用煤油时，应注意它与起泡剂的比例，以保持最佳的泡沫状态。国外多数厂用甲基异丁基甲醇（M1BC）作起泡剂，也有用松油的。国内主要是用松醇油作起泡剂。

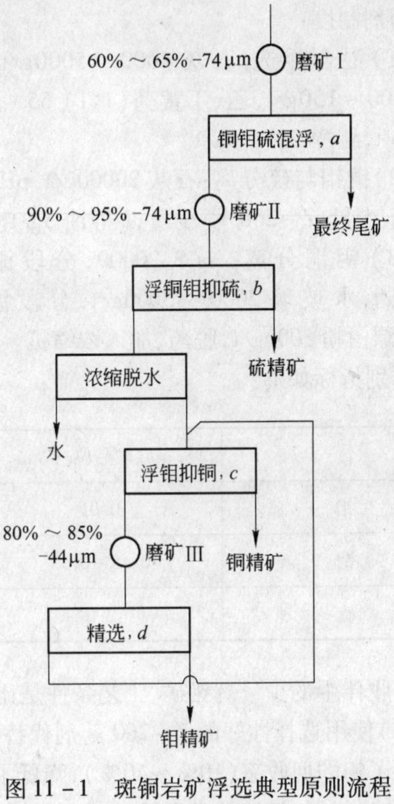

图11-1 斑铜岩矿浮选典型原则流程

a—一粗一精二扫；*b*—一粗二精二扫；*c*—一粗三精一扫；

d—八次精选中矿集中返回

11.1.2 铜钼分离

铜钼混合精矿分离有两种方案：一是抑铜浮钼，是最主要的方法。二是抑钼浮铜。后一方法只有少数选厂采用，并用糊精抑制辉钼矿。抑铜浮钼进行铜钼分离的抑制方案有：

(1) 硫化钠法；(2) 硫化钠+蒸气加温法；(3) 单一氰化物法；(4) 氰化物+硫化钠法；(5) 诺克斯药剂（或它与氰化钠合用）法；(6) 铁氰及亚铁氰化物法；(7) 次氯酸钠或双氧水法；(8) 巯基乙醇等有机抑制剂法。

硫化钠、氰化物、砷或磷诺克斯药剂抑制以黄铜矿、斑铜矿为主的铜矿物较有效。硫化铵、铁氰化物及亚铁氰化物、氧化剂次氯酸盐及双氧水抑制次生硫化铜矿物较有效。巯基乙醇等有机抑制剂是新研制的无毒高效钼的伴生硫化物抑制剂，正在推广之中。

11.1.3　斑岩铜矿（铜钼矿）浮选实例

某铜矿石中主要金属矿物有黄铁矿、黄铜矿、辉钼矿。次要的金属矿物有蓝辉铜矿、铜蓝、碲银金矿、银金矿等。主要的非金属矿物有绢云母，石英等。矿石中有用矿物嵌布粒度较细，黄铜矿、黄铁矿、辉钼矿共生密切，呈细粒不均匀嵌布。

就矿石的自然类型来说，属原生硫化矿，氧化率4%～5%，含泥含水均不高。矿石中主要有用矿物含量比为：黄铁矿∶黄铜矿∶辉钼矿＝320∶45∶1。

选厂采用阶段磨浮流程，分别得出铜精矿、钼精矿、硫精矿三种产品，金、银等贵金属主要富集在铜精矿中。选厂磨浮原则流程如图11－2所示。

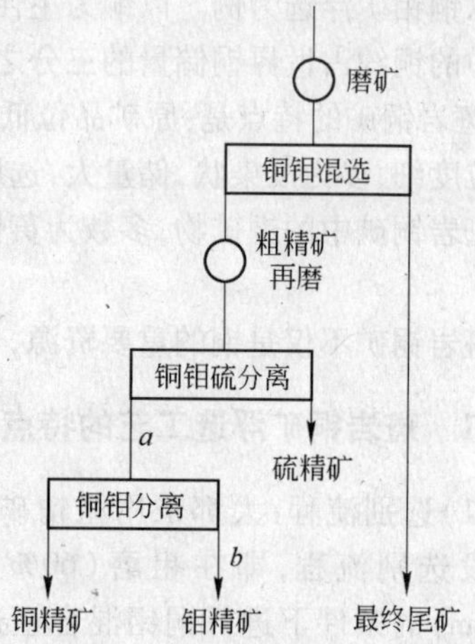

图11－2　某斑铜岩矿浮选流程

a—浓缩（略）；*b*—第三段磨矿及再精选（略）

混合浮选——一粗一精二扫；铜钼与硫分离——一粗二精二扫；浮钼抑铜——一粗三精一扫，所得钼精矿再磨后精选四次，精选尾矿集中返回第三段磨矿

药剂制度：

（1）混合浮选：石灰4000～5000g/t，pH＝10，Na_2S 100～150g/t，乙、丁黄药（1∶1）55～65g/t，2号油50g/t，醚醇25～30g/t。

（2）铜钼与硫分离：石灰20000g/t，pH＝11.5，丁铵黑药 少量，Z－200号 少量，2号油5g/t。

（3）钼铜分离：Na_2S 20000，分段添加；NaHS 10000g/t，水玻璃2000～3000g/t，分段添加；煤油60g/t，漂白粉3000g/t，脱药、加入浓缩机。

选别指标如下：

	原矿品位/%	精矿品位/%	回收率/%
钼	0.01	≥45	60～70
铜	0.45～0.53	≥24	≥85.5
硫	2.0	35	45

回收伴生的少量辉钼矿，工艺条件是比较复杂的，经过多年的试验，获得的主要经验是：

（1）使用选择性好的Z－200药剂代替丁铵黑药作为第二段铜钼与硫分离的捕收剂，大幅度地提高了钼的回收率（10%～40%），降低了石灰及捕收剂用量，还可缩短浮选时间，减少浮选槽数量，节省能耗，经济效益显著。

（2）混合浮选循环，使用选厂回水时，用醚醇作起泡剂，比用2号油指标要高些，但利用清水时则反之。故现场混合浮选采用2号油和醚醇混用，可获得较好的混选指标。

（3）混合精矿分离前进行浓缩脱药，并加入漂白粉加速捕收剂氧化解吸。

（4）铜钼分离采用钼精矿再磨再精选，硫化钠、水玻璃分段添加的工艺，可获得合格的钼精矿、铜精矿，钼的回收率也有大幅度的提高。

（5）混合浮选循环采用分支串流浮选新工艺，提高了混合精矿的品位和回收率，降低了捕收剂、起泡剂的消耗量。

11.2 铁矿石的选别流程实例

铁是很重要的金属，轻重工业、国防工业都离不开它，农业机械化仍然需要钢铁。因此，铁在我国国民经济中占有相当重要的地位。铁在自然界中不单独呈元素状态存在，我国铁矿资源比较丰富，但有许多是各种类型的贫铁矿石（铁品位为30%～40%），不能用弱磁选机选别。这类矿石主要有赤铁矿、假象赤铁矿、褐铁矿、菱铁矿、针铁矿和其他含水赤铁矿等弱磁性矿物。因此，解决这些矿物的选矿问题，对发展我国钢铁工业，具有重大的意义。

铁矿石的选矿主要是用磁选、磁化焙烧磁选、浮选、重选等方法，以及这些方法联合使用。目前对于弱磁性铁矿也开始向重选方面发展。我国北方某鲕状赤铁矿就采用了重选流程来进行选别。

11.2.1 铁矿石的重选实例

我国北方某钢铁公司选厂的主要矿石类型为浅海沉积薄矿脉多层状鲕状赤铁矿。矿石中金属矿物有：赤铁矿、菱铁矿、磁铁矿、褐铁矿。硫化矿物包括微量的蛍铁矿及黄铁矿。脉石矿物有：石英、绿泥石、玉髓、绢云母、长石及微量的方解石、独居石、磷灰石等。

矿石结构为典型的鲕状赤铁矿，也有少量的豆状及肾状。鲕粒直径一般为0.25～1mm，也有2～4mm的豆状矿石及直径5～10mm的肾状矿石，其中以前者为主，后两者很少。最常见的围岩是砂岩，少量为页岩与板岩。其有用矿物与脉石密度如表11－1所示。将原矿按三级分选试验获得了良好的指标，见图11－3所示。

表11－1 矿物及脉石密度

矿物名称	矿物粒度/mm	铁品位/%	密　度/$g\cdot cm^{-3}$
鲕状赤铁矿	0.25～0.6	56.02	4.29
菱铁矿	0.15～0.25	39.20	3.60
鲕状磁铁矿	0.25～0.6	61.74	4.53
菱铁矿砂岩	1.0～1.5	20.46	3.04
硅质板岩	1～2		2.65
灰质板岩	1～3		2.73

但重介质旋流器具有介质制备与回收系统繁杂，复振跳汰机处理量小，耗水量大等缺点。经有关单位对该矿区赤铁矿进行梯形跳汰选矿试验，结果表明将0～10mm粒级分成2～10mm、0～2mm两个级别，分别进入梯形跳汰分选，同样获得良好的指标，同时大大简化了选别流程。该厂现设计流程见图11－4。

重介质振动溜槽所用的介质为本矿富磁铁矿块直接破碎至－2mm，铁品位为58%，相对密度为4.2，介质消耗为每吨矿1000g。

全厂总设计指标：原矿品位36.8%，精矿产率69.90%，精矿品位47.05%，回收率89.37%，尾矿品位为13%。

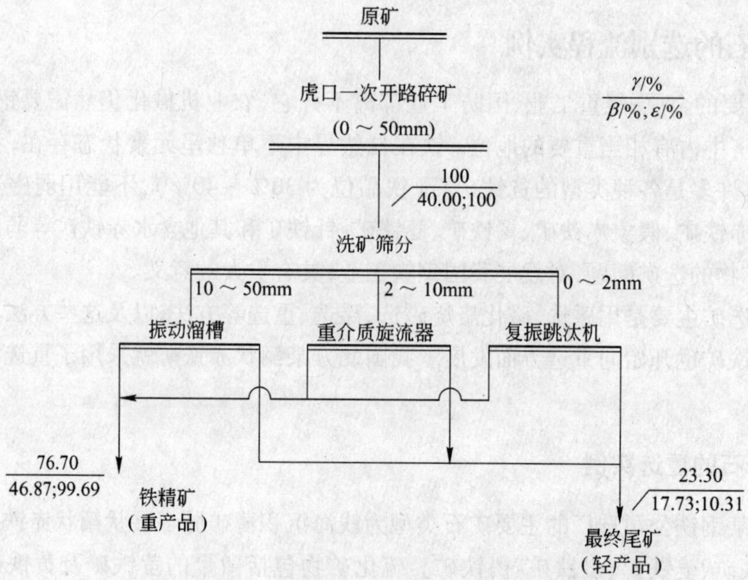

图 11－3　用重介质旋流器处理某矿区鲕状赤铁矿流程图

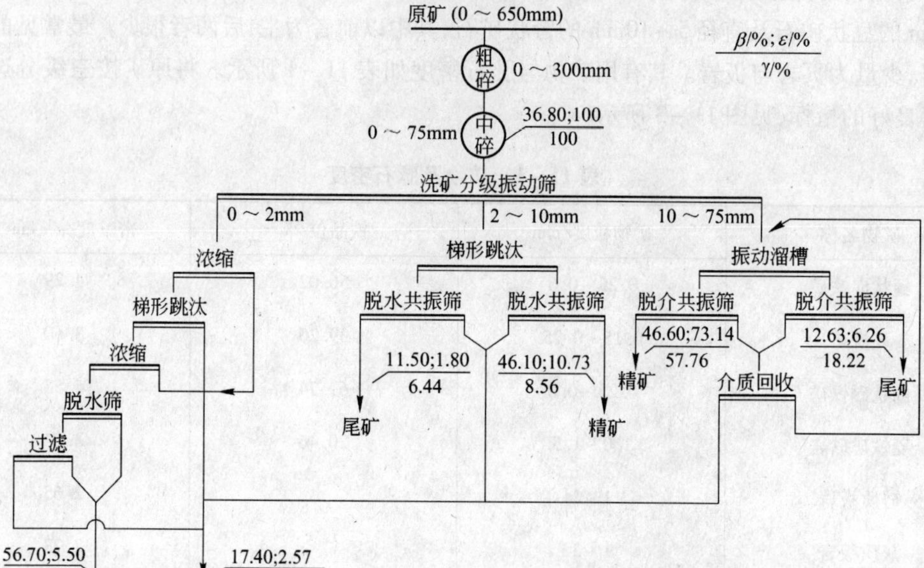

图 11－4　某铁矿选厂设计流程及指标

11.2.2　铁矿石的浮选实例

以东鞍山铁矿浮选为例。该矿床的矿石可分为六类:(1)条带状假象赤铁矿;(2)隐条带状假象赤铁矿;(3)绿泥石假象赤铁矿;(4)褐铁矿化假象赤铁矿;(5)含裂隙泥假象赤铁矿;(6)含磁铁矿假象赤铁矿石等。前面(1)、(2)两类矿石属于“易选”矿石,其余四类均属“难选”矿石。

矿石中主要金属矿物为假象赤铁矿，其次为板片状赤铁矿、针铁矿、褐铁矿及磁铁矿等。主要脉石矿物为石英，其次为绿泥石、阳起石、透闪石等。假象赤铁矿呈磁铁矿的半自形——他形等轴粒状晶形假象，表面多微小孔洞，内部常含石英等微细包裹体，石英多为他形粒状。多数石英内部不纯净，包裹有铁矿物等微晶。矿石中各种矿物都为细粒不均匀嵌布。该厂使用的流程如图 11－5 所示。

原使用的捕收剂为氧化石蜡皂和妥儿油，但后来实验证明，改性氧化石蜡皂和硫酸化妥儿油的混合捕收剂，其效果更好一些（表 11－2），改性氧化石蜡皂与硫酸化妥儿油的比例等于 2.6:1。

由表 11－2 可见，在流程相同的情况下，后一种方案比前者优越，在原矿品位低 0.45% 的情况下，精矿品位高 0.62%，尾矿品位低 0.56%，回收率高 0.51%。

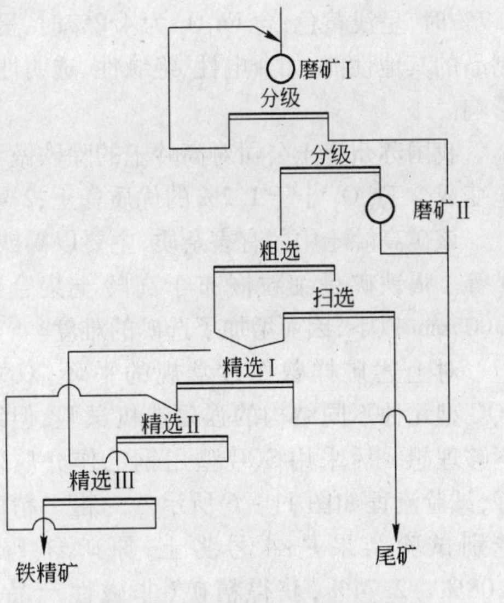

图 11－5　东鞍山铁矿浮选流程

细度：78%～82% 小于 74μm；pH＝9（用 Na_2CO_3）；t：30～40℃

表 11－2　磁浮选流程工业试验结果

捕收剂		磨矿粒度（－74μm）/%		品位/%			回收率/%
名　称	用量 /g·t⁻¹	一次	二次	原矿	精矿	尾矿	
氧化石蜡皂加妥尔油（4:1）	413	52.0	91.7	31.64	63.02	12.48	75.51
改性氧化石蜡皂加硫酸化妥尔油（4:3）	265	48.4	91.7	31.19	63.64	11.92	76.02

11.3　非金属矿物的选别

以非金属矿物的磁选为例。大多数非金属矿物本身是非磁性或弱磁性。但是在非金属矿石中常含有一些不同磁性的杂质，因此磁选也是非金属矿石选矿不可缺少的工艺之一。

通常磁选可用于高岭土提纯，石棉矿石中丢弃废石，金刚石的粗选和石墨矿的回收等方面。

11.3.1　高岭土的磁选

在自然界中，高岭土分布是很广的，但是高质量有经济价值的高岭土资源却只占小部分。所有有经济价值的高岭土都被少量含铁矿物所污染，其量在 0.5%～3% 之间。污染高岭土的含铁矿物有铁氧化物、带铁锈的二氧化钛、菱铁矿、黄铁矿、金红石、云母和电气石等。所以在高岭土生产中磁选主要除去少量含铁杂质，这些杂质会影响高岭土的白度和制品的许多性能。

高岭土是一种天然的泥质矿石，它所含的上述杂质的粒度，也和高岭土一样微细。由于它们大多都是弱磁性的，常规磁选是难以分离的，然而高梯度（HGMS）磁选法是可行的。

高岭土精矿的白度主要取决于 Fe_2O_3 的含量，当 Fe_2O_3 含量为 0.5% 时，其白度不大于 80%，而 Fe_2O_3 含量为 2% 时，白度一般为 70%。Fe_2O_3 含量对高岭土制品的色彩也有很大的影响，例如 Fe_2O_3 含量为 0.8% 时，烧制品色彩呈白色；含 Fe_2O_3 为 1.3% 时，则接近白色；含 Fe_2O_3 为

2.7%时，呈浅黄色；含 Fe_2O_3 为4.2%时，呈黄色；Fe_2O_3 含量更高时呈浅红色、红色、暗红色。对制品的其他性能，如介电性、绝缘性、透明性、化学稳定性、热稳定性、比导电度、强度等也有很大影响。

我国苏州瓷土公司对高岭土的除铁做了研究，目的是使含 Fe_2O_3 为2.5%～3.0%的4号劣土变成含 Fe_2O_3 小于1.2%的优质瓷土；2号瓷土变为含 Fe_2O_3 小于1.0%的优质瓷土。

该矿高岭土中的有害杂质，主要以褐铁矿形式存在，少量赤铁矿、微量黄铁矿和硅酸铁、菱铁矿等。褐铁矿呈细粒嵌布于高岭土集合体或石英的表面上，粒度大者为0.025mm，小者为0.005mm以下，因而增加了选矿的难度。

对上述矿样曾作过常规的平环、双立环和SQC型几种不同结构的强磁选机试验，但结果都不够理想。后采用SQC型用钢毛作介质效果较好，试验流程如图11－6所示。一粗一精的强磁选别试验结果是：4号劣土，原矿含 Fe_2O_3 为2.08%～2.74%，获得精矿（非磁性产品）中含 Fe_2O_3 为0.7%～1.2%，除铁率达到40%～60%。2号瓷土原矿含 Fe_2O_3 为1.25%，经该流程选别后，非磁产品中含 Fe_2O_3 为0.72%～0.73%，除铁率达到了52%～53%，前后两种产品均达到优质标准。

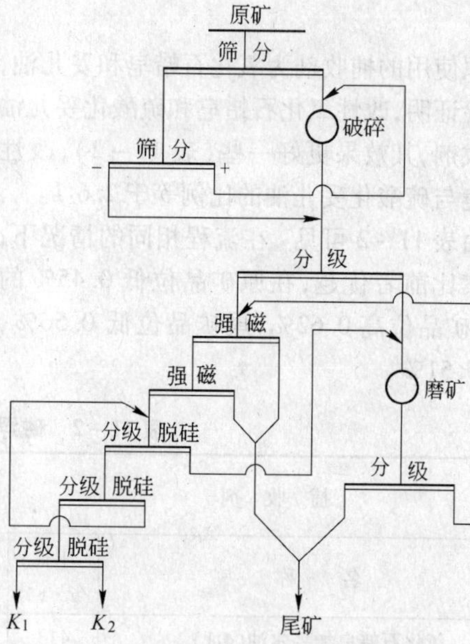

图11－6　某矿瓷土除杂推荐流程

目前，高梯度磁分离在高岭土行业得到成功的应用。美国、英国、德国、波兰、日本、捷克等国的高岭土行业都采用HGMS法精制高岭土，据资料统计经HGMS法精制后的高岭土产品中 Fe_2O_3 含量从2.3%降至0.5%～0.7%；TiO_2 含量从1.9%降至0.4%～0.8%；K_2O 含量从0.3%降至0.18%，并且有90%的S被除掉，也就是说，微米或亚微米的黄铁矿几乎全被除掉。某院用2JG－200－440－2T型半工业HGMS机（分离箱直径200mm，高440mm，背景场强2T）。对江苏某矿高岭土试验，取得很好的效果。

11.3.2　石棉矿石的磁选

磁选在石棉选矿中，主要是用于初步富集，石棉矿选矿应用磁选最广泛的国家是加拿大。石棉选别一般分三段进行，第一阶段是富集丢弃部分脉石，第二阶段是粗选，即将石棉纤维与脉石分离，第三阶段是精选，即进一步除去粗精石棉中的砂粒、粉尘，并按纤维长短分级。

石棉矿石中有用矿物是石棉，脉石矿物是蛇纹石、白云石等。它们都属弱磁性矿物，其比磁化系数一般在 $(50\times214)\times10^{-8}m^3/kg$。但在超基性岩型石棉矿床中，一般伴生有磁铁矿，若磁铁矿分布在石棉矿石中，则石棉的磁性增大；若磁铁矿分布在脉石中，则脉石的磁性增大；这些因素都可以使得石棉与脉石之间磁性差异增大，就可以采用磁选来富集。若是白云岩类型的石棉，不含磁铁矿就不能采用磁选法来富集。

加拿大湖泊石棉公司黑湖石棉选矿厂，采用磁选选出脉石率达40%，这对减轻下一段设备的负荷，降低成本是有利的。

石棉矿石中的纤维含量，常与它的密度与磁性有关，一般密度小和磁性强者纤维含量高；磁性弱、密度大者不含或含量低。根据这一关系可采用磁选－重选联合流程来富集,这比单一磁选更为有利。图 11－7 和图 11－8 分别为单一磁选和磁－重联合生产流程。

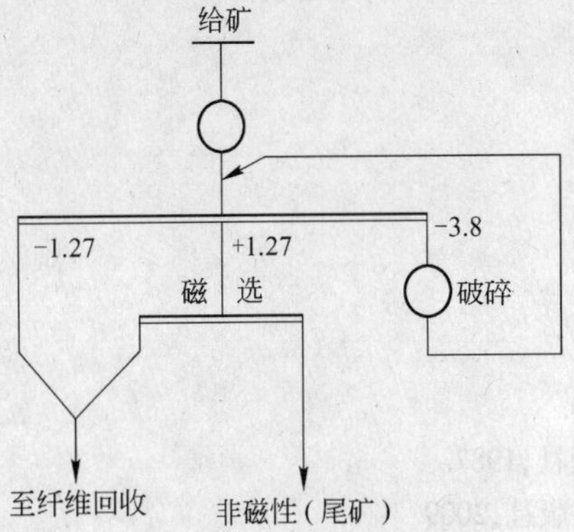

图 11－7 单一磁选流程

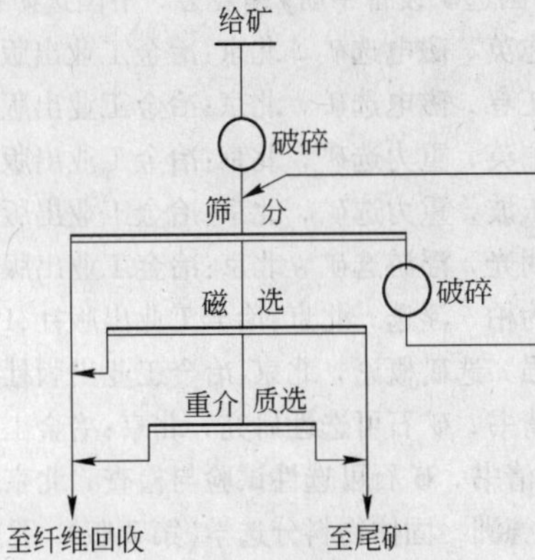

图 11－8 磁选－重选联合流程

11.3.3 石墨浮尾的磁选

石墨本身是非磁性矿物,用磁选回收其伴生矿物金红石、锆英石等。我国山东南墅石墨矿用浮选法选出石墨后,再用磁选回收金红石和锆英石,其选别流程见图 11－9。此流程的给矿即是浮选石墨的尾矿,尾矿中含有金红石、锆英石、黄铁矿等。因它们的密度都比较大,故首先用重选法富集,但是黄铁矿与金红石磁性相近,可浮性较好,故先用浮选将黄铁矿选出来,再利用磁选选出磁性矿物,最后采用电选将金红石与锆英石分开。为确保金红石的质量,用焙烧法除去剩余的硫。该流程综合回收的指标:金红石精矿含 $TiO_2$90%,锆英石含 $ZrO_2$50%,黄铁矿含 S32%。

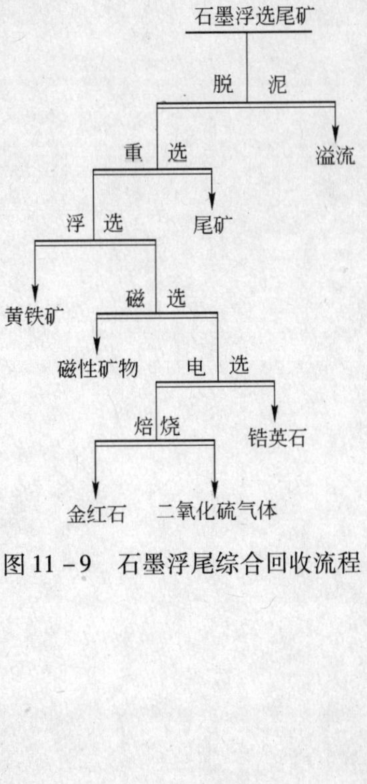

图 11－9 石墨浮尾综合回收流程

参考文献

[1]《中国选矿设备手册》编委会．中国选矿设备手册(上、下册)．北京:科学出版社,2006.

[2] 赵志英．磁电选矿．北京:冶金工业出版社,1989.

[3] 徐正春．磁电选矿．北京:冶金工业出版社,1988.

[4] 蓝伯英．重力选矿．北京:冶金工业出版社,1988.

[5] 孙玉波．重力选矿．北京:冶金工业出版社,1988.

[6] 龚明光．浮游选矿．北京:冶金工业出版社,1988.

[7] 胡为柏．浮选．北京:冶金工业出版社,1989.

[8] 张强．选矿概论．北京:冶金工业出版社,1984.

[9] 成清书．矿石可选性研究．北京:冶金工业出版社,1989.

[10] 成清书．矿石可选性试验与检查．北京:冶金工业出版社,1987.

[11] 魏德洲．固体物料分选学(第2版)．北京:冶金工业出版社,2009.

[12] 杨家文．碎矿与磨矿技术．北京:冶金工业出版社,2008.

[13] 陈斌．磁电选矿技术．北京:冶金工业出版社,2007.